U0385066

卓越农业人才培养改革实践

高志强
段美娟
肖化柱　著
高倩文

CS K 湖南科学技术出版社
·长沙·

图书在版编目（ＣＩＰ）数据

卓越农业人才培养改革实践 ／ 高志强等著. — 长沙：
湖南科学技术出版社，2022.8
　ISBN 978-7-5710-1533-6

Ⅰ．①卓⋯ Ⅱ．①高⋯ Ⅲ．①农业院校－人才培养－
培养模式－研究－湖南 Ⅳ．①S-40

中国版本图书馆 CIP 数据核字(2022)第 062401 号

ZHUOYUE NONGYE RENCAI PEIYANG GAIGE SHIJIAN
卓越农业人才培养改革实践

著　　者：高志强　段美娟　肖化柱　高倩文
出 版 人：潘晓山
责任编辑：王　斌
出版发行：湖南科学技术出版社
社　　址：长沙市芙蓉中路一段 416 号泊富国际金融中心
网　　址：http://www.hnstp.com
邮购联系：0731－84375808
湖南科学技术出版社天猫旗舰店网址：
　　　　http://hnkjcbs.tmall.com
印　　刷：长沙新湘诚印刷有限公司
　　　　（印装质量问题请直接与本厂联系）
厂　　址：湖南省长沙市开福区伍家岭街道新码头路 95 号
邮　　编：410129
版　　次：2022 年 8 月第 1 版
印　　次：2022 年 8 月第 1 次印刷
开　　本：710mm×1000mm　1/16
印　　张：14
字　　数：222 千字
书　　号：ISBN 978-7-5710-1533-6
定　　价：85.00 元

前言

　　2013 年，教育部、农业部、国家林业局印发《关于推进高等农林教育综合改革的若干意见》，全面启动"卓越农林人才教育培养计划"，这就是卓越农林教育培养计划 1.0。2018 年 9 月 17 日，教育部、农业农村部、国家林业和草原局发布《关于加强农科教结合实施卓越农林人才教育培养计划 2.0 的意见》，推进卓越农林人才教育培养计划 2.0 的全面实施和改革深化。2019 年，"安吉共识"形成中国新农科建设宣言，习近平同志的回信提出了殷切期望，"北大仓行动"做出了全面安排，"北京指南"实现从"试验田"走向"大田耕作"，在全国农林院校掀起了新农科建设热潮。

　　目前，国家全力推进数字农业建设、精准农业实践和智慧农业探索，使卓越农林人才教育培养成为全国关注的重大议题，为现代农业建设供给更多卓越农林人才是农林院校的责任担当。2019 年，我与中国工程院院士官春云先生合著《卓越农业人才培养机制创新》，形成了一定的社会反响。进一步总结湖南农业大学植物生产类专业的卓越农业人才培养改革实践，形成了这本小册子，旨在把湖南农业大学的工作经验分享给农林院校同行。

　　德国著名哲学家雅斯贝尔斯（Karl Theodor Jaspers，1883—1969）说："教育的本质是一棵树摇动另一棵树，一朵云推动另一朵云，一个灵魂召唤另一个灵魂。"教育是人对人的影响，更是灵魂对灵魂的召唤。无论是新农科建设还是卓越农林人才教育培养，本质和核心始终落脚于高等教育的生命线——人才培养质量。每所高校都有自己的研究和探索，每位教师都有自己的经历和体会，目标明确而一致，即培养德智体美劳全面发展的社会主义建设者和接班人，办好人民满意的教育。

2022 年 2 月 18 日

目录

第一章　绪论

2013 年，教育部、农业部、国家林业局印发《关于推进高等农林教育综合改革的若干意见》，全面启动"卓越农林人才教育培养计划"，这就是卓越农林教育培养计划 1.0。2018 年启动卓越农林人才教育培养 2.0，2019 年全面启动新农科建设，与之相伴而行的是国家全力推进数字农业建设、精准农业实践和智慧农业探索，使卓越农林人才教育培养成为全国关注的重大议题，为现代农业建设供给高素质卓越农林人才是高等农林院校的责任担当。

第一节　人才培养改革背景

一、卓越农林人才教育培养计划

（一）卓越农林人才教育培养计划 1.0

为深入贯彻党的十八大、十八届三中全会精神，根据《国家中长期教育改革和发展规划纲要（2010－2020 年）》，2013 年，教育部、农业部、国家林业局印发《关于推进高等农林教育综合改革的若干意见》，全面启动"卓越农林人才教育培养计划"，这就是卓越农林教育培养计划 1.0。卓越农林人才教育培养计划启动之初，明确了指导思想、总体目标、试点类别，全国农林院校掀起了拔尖创新型、复合应用型、实用技能型卓越农林人才教育培养改革探索热潮。

（二）卓越农林人才教育培养计划 2.0

为深入贯彻习近平新时代中国特色社会主义思想，全面贯彻落实《中共中央、国务院关于实施乡村振兴战略的意见》，根据《教育部关于加快建设高水平本科教育　全面提高人才培养能力的意见》，2018 年 9 月 17

日，教育部、农业农村部、国家林业和草原局发布《关于加强农科教结合实施卓越农林人才教育培养计划2.0的意见》，推进卓越农林人才教育培养计划2.0的全面实施和改革深化。

（1）总体思路。紧紧围绕乡村振兴战略和生态文明建设，坚持产学研协作，深化农科教结合，用现代科学技术改造提升现有涉农专业，建设一批适应农林新产业新业态发展的涉农新专业，建设中国特色、世界水平的一流农林专业，培养懂农业、爱农村、爱农民的一流农林人才，为乡村振兴发展和生态文明建设提供强有力的人才支撑，服务美丽中国建设。

（2）目标要求。经过5年的努力，多层次、多类型、多样化的中国特色高等农林教育人才培养体系全面建立，农科教协同育人机制更加完善，高等农林教育专业认证制度更加健全，建设一批一流农林专业，打造一批线上线下精品课程，农林人才培养质量明显提升，服务乡村振兴发展和生态文明建设的能力明显增强。

（3）改革任务和重点举措。农业农村农民问题是关系国计民生的根本性问题，决定着我国全面小康社会的成色和社会主义现代化的质量。高等农林教育要树立和践行绿水青山就是金山银山的理念，坚持人与自然和谐共生，培养服务"产业兴旺、生态宜居、乡风文明、治理有效、生活富裕"的卓越农林人才。①推动高等农林教育创新发展。高校要充分发挥人才智力优势，加强乡村振兴战略研究的智库建设，成立乡村振兴研究院，深入研究乡村产业振兴、乡村人才振兴、乡村文化振兴、乡村生态振兴、乡村组织振兴中的重大理论和实践问题，为乡村振兴贡献智慧和方案，为培养数量充足、结构合理的卓越农林人才提供路径和模式。②培育农林学生"爱农知农为农"素养。面向农业农村现代化建设，把思想政治教育和职业素养教育贯穿农林人才培养全课程、全过程，开设"大国三农"选修课程，开展"大国三农"等系列主题教育实践活动，加强农林学生社会实践，让学生走进农村、走近农民、走向农业，引导学生学农爱农知农为农，把论文写在祖国大地上，把乡情乡愁融入血脉中，全面增强学生服务"三农"和农业农村现代化的使命感和责任感。注重素质教育与专业教育有机结合，进一步加强农林学生专业知识教育，把创新创业教育贯穿人才培养全过程，着力提升农林学生专业能力和综合素养。③提升农林专业建设水平。瞄准农林产业发展新需求，深化高等农林教育专业供给侧改革，建设 200 个左右一流涉农专业。促进学科交叉融合，用现代生物技术、信息技术、工程技术改造提升现有涉农专业；服务"互联网＋现代农业"、创意农业、休闲农业、乡村旅游、森林康养等新产业新业态发展，建设一批新兴涉农专业。④创新农林人才培养模式。服务乡村振兴发展和生态文明建设，深化高等农林教育人才培养供给侧改革，加快培养不同类型农林人才。⑤完善农科教协同育人机制。建立中央和省级教育、农业农村、林业和草原等部门协同育人机制，统筹推进校地、校所、校企育人要素和创新资源共享、互动，实现行业优质资源转化为育人资源、行业特色转化为专业特色，将合作成果落实到推动产业发展中，辐射到培养卓越农林人才上。⑥拓展一流师资队伍建设途径。大力推进农林教师队伍建设，建立 10 个左右国家农林教师教学发展示范中心，探索实施"双证"上讲台制度（依法取得高校教师资格证书和教师教学发展中心培训合格证书），提升教师专业水平和教学能力。⑦培育高等农林教育质量文化。加快推进农林教育专业认证，构建农林专业三级认证体系，实现农林专业类认证全覆盖，建立起具有中国特色的农林教育专业认证制度，强化过程监控与质量评价，切实推动农林教育内涵式发展。

（三）湖南农业大学的相关项目

响应卓越农林人才教育培养计划 1.0，湖南农业大学根据自身的传统优势和办学特色，积极申报卓越农林人才教育培养计划试点，植物生产类专业拔尖创新型人才培养和动物生产类复合应用型人才培养均于 2014 年获得教育部批准立项（图 1-1）。

图 1-1 湖南农业大学实施的卓越农林人才教育培养计划项目

（1）卓越农林人才教育培养模式改革的实施策略。卓越农林人才教育培养计划分三类，每一类都必须具有针对性的特色资源，必须进行科学的顶层设计，构建合理的进入退出机制，制订相应的保障措施，全面体现人才培养方案和课程体系改革、人才培养过程改革和质量评价体系改革，切实保证卓越农林人才教育培养计划的顺利实施，提高人才培养质量（图

1-2)。

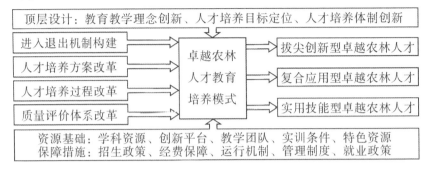

图 1-2　卓越农林人才培养模式改革试点的顶层设计

（2）植物生产类拔尖创新型卓越农林人才培养。①学科资源：作物栽培学与耕作学国家级特色学科，作物学、植物保护、园艺学 3 个一级学科博士学位授权点，具有 7 个相关的国家级研究机构、3 个国家级实验室、9 个中央与地方共建实验室。2013 年科研经费近 7000 万元。②特色资源：一个国家 2011 协同创新中心（南方粮油作物协同创新中心）、两个省级协同创新中心、五个国家级农科教合作人才培养基地、三个国家级特色专业、两门国家级精品课程。③运行机制：采用"3＋X"培养模式，探索本-硕连续培养机制，实施全程导师制，开展小班化、个性化、国际化教学改革实践，探索网络平台课程资源建设和翻转课程教学改革，强化科研实践训练，提高学生创新意识、创新思维和实践创新能力，全面体现拔尖创新型人才培养的目标要求。

（3）动物生产类复合应用型卓越农林人才培养。①专业品牌：动物科学为国家一类特色专业，动物医学、水产养殖均为湖南省重点专业和特色专业。②实训条件：拥有专业实验教学用房面积 12800 平方米，5 万元以上大型仪器设备 116 台（套），仪器设备总价值 5000 余万元。有国家级实践教学示范中心 1 个、国家级农科教合作人才培养基地 1 个（长沙生猪）、校内实训基地 6 个、省部级示范实验室 2 个、省部级创新平台 6 个，有 17 家相关企业为动物生产类专业学生提供专项奖学金，为动物生产类复合应用型人才培养提供了坚实的物质基础。③培养机制：实施 2＋1＋1 人才培养模式，前两年主要实施课程教学，第三年强化实践教学环节训练和技能培养，第四年进入相关企业开展分阶段顶岗实习；实行双导师制，校内导师全程关注学生的学业辅导、心理疏导和生活指导等，企业导师指导学生的社会融入和职业发展。

二、高等学校创新能力提升计划

（一）高等学校创新能力提升计划简介

高等学校创新能力提升计划也称"2011 计划"，是继"211 工程""985 工程"之后中国高等教育系统又一项体现国家意志的重大战略举措。该项目是针对新时期中国高等学校已进入内涵式发展的新形势的又一项从国家层面实施的重大战略举措。实施该项目，对于大力提升高等学校的创新能力，全面提高高等教育质量，深入实施科教兴国、人才强国战略，都具有十分重要的意义。项目以人才、学科、科研三位一体创新能力提升为核心任务，通过构建面向科学前沿、文化传承创新、行业产业以及区域发展重大需求的四类协同创新模式，深化高校的机制体制改革，转变高校创新方式，建立起能冲击世界一流大学的新优势。项目由中华人民共和国教育部和中华人民共和国财政部共同研究制定并联合实施。

（1）首批"2011 计划"。2013 年 4 月，教育部公布"2011 计划"首批入选名单，涉及 4 大类共计 14 个高端研究领域。其中，河南农业大学牵头建设"河南粮食作物协同创新中心"，是全国农林院校唯一牵头高校。

（2）第二批"2011 计划"。2014 年 4 月，教育部公布"2011 计划"第二批入选名单，全国 4 大类共计 24 个高端研究领域获得认定建设，相关单位成为首批工程建设体。其中，湖南农业大学牵头建设"南方粮油作物协同创新中心"，是全国农林院校中的第二所牵头高校（表 1-1）。

表 1-1　"2011 计划"第二批入选名单

序号	中心名称	牵头单位	类型
1	人工微结构科学与技术协同创新中心	南京大学	科学前沿
2	信息感知技术协同创新中心	西安电子科技大学	行业产业
3	辽宁重大装备制造协同创新中心	大连理工大学	区域发展
4	能源材料化学协同创新中心	厦门大学	科学前沿
5	地球空间信息技术协同创新中心	武汉大学	行业产业
6	高性能计算协同创新中心	国防科学技术大学	行业产业
7	无线通信技术协同创新中心	东南大学	行业产业
8	先进核能技术协同创新中心	清华大学	行业产业

续表

序号	中心名称	牵头单位	类型
9	南方稻田作物多熟制现代化生产协同创新中心	湖南农业大学	区域发展
10	钢铁共性技术协同创新中心	北京科技大学	行业产业
11	IFSA 协同创新中心	上海交通大学	科学前沿
12	北京电动车辆协同创新中心	北京理工大学	区域发展
13	煤炭分级转化清洁发电协同创新中心	浙江大学	行业产业
14	高端制造装备协同创新中心	西安交通大学	行业产业
15	感染性疾病诊治协同创新中心	浙江大学	科学前沿
16	高新船舶与深海开发装备协同创新中心	上海交通大学	行业产业
17	智能型新能源汽车协同创新中心	同济大学	行业产业
18	未来媒体网络协同创新中心	上海交通大学	行业产业
19	重庆自主品牌汽车协同创新中心	重庆大学	区域发展
20	国家领土主权与海洋权益协同创新中心	武汉大学	文化传承创新
21	中国基础教育质量监测协同创新中心	北京师范大学	文化传承创新
22	中国特色社会主义经济建设协同创新中心	南开大学	文化传承创新
23	出土文献与中国古代文明研究协同创新中心	清华大学	文化传承创新
24	两岸关系和平发展协同创新中心	厦门大学	文化传承创新

（二）南方粮油作物协同创新中心简介

南方粮油作物协同创新中心是以作物栽培学与耕作学等国家重点学科，国家杂交水稻工程技术研究中心、水稻国家工程实验室、土肥资源高效利用国家工程实验室等国家创新平台为基础，根据"2011 计划"的精神和要求，由湖南农业大学牵头，湖南杂交水稻研究中心、江西农业大学作为核心协同单位，华南农业大学、中国科学院亚热带农业生态研究所、湖南省农业科学院、袁隆平农业高科技股份有限公司、现代农装科技股份有限公司、湖南金健米业股份有限公司等作为主要参与单位，2012 年 7 月组建，2014 年被教育部、财政部认定为区域发展类"2011 计划"国家级协同创新中心。中心为相对独立运行的非法人实体机构，实行理事会领导下的主任负责制，袁隆平院士任中心理事长、官春云院士担任中心主任。根据南方稻田作物多熟制现代化生产重大需求，中心设作物种质资源创制与利用、多熟制种植模式与农艺技术创新、多熟制机械化生产配套技术与装备研制 3 个创新平台和 1 个多熟制作物生产技术集成与示范平台。

（三）"2011 计划"项目支撑卓越农业人才培养

自 2014 年开始，南方粮油作物协同创新中心主动适应现代农业发展需求，有机对接"卓越农林人才教育培养计划"和"2011 计划"，设置人才培养计划项目，全方位探索面向现代农业的卓越农业人才培养模式和实施策略。

（1）解放思想，创新教育教学理念。2014 年，南方粮油作物协同创新中心成立了人才培养部，组织湖南农业大学及相关协同单位专家进行广泛的国内外调研论证，开展了教育教学理念更新大讨论，凝练了卓越农业人才培养的教育教学理念。①基于生态教育理念的连续培养模式与协同培养机制。生态教育理念是基于系统观的教育教学思想，认为个体的教育过程是一个有序的教育生态链，这个生态链上的环节间必须协同、统一和递进化；教育教学资源系统是教育过程的物质基础，这个系统是一个高度开放的社会资源系统，具有多样化的生态位，教育实施者通过组织受教育者合理利用这些生态位，才能获得更好的人才培养效果。卓越农业人才培养过程中，主要从两大领域体现生态教育理念：一是基于教育生态链有序化的视角，建构科学的连续培养模式，拔尖创新型农业人才实行本–硕–博连续培养机制，本科阶段的拔尖创新型人才培养对接学术型硕士研究生，进而攻读博士学位，为社会培养高端创新人才和科技领军人才；复合应用型人才实行本–硕连续培养模式，本科层次的复合应用型人才培养对接专业硕士，培养懂生产、会经营、善管理、能发展的复合应用型人才。二是基于教育资源生态位有效利用的视角，构建多元主体的协同培养机制。南方粮油作物协同创新中心，由湖南农业大学、湖南杂交水稻研究中心、江西农业大学、湖南省农业科学院、中国科学院亚热带农业生态研究所、华南农业大学、袁隆平农业高科技股份有限公司、湖南金健米业股份有限公司、现代农业装备科技股份有限公司等单位共同组建。中心整合各参与单位的学科资源和创新平台，面向南方粮油作物现代化生产，组建了 11 个创新团队和 1 个技术集成与示范团队，建成了一批成果推广示范基地，为中心实施人才培养改革提供了丰富的特色化教育教学资源，这些教育教学资源生态位的合理利用，为卓越农业人才培养奠定了坚实的物质基础。②基于人本主义教育理念的人–职匹配分类培养模式。人本主义教学观是在人本主义学习观的基础上形成并发展起来的，该理论是根植于其自然人性论的基础之上的。教育的目的是促进个体社会化进程，高等教育是针对性的职前教育，是直接服务于个体职业发展的系统教育。对于已接受高等教育的个体来说，职业生涯发展前景和潜力，很大程度上取决于高等教育阶段的职业发展定位。霍兰德职业选择理论认为，人格类型包括常规型、实际型、探索型、艺术型、企业型、社会型六大类，不同类型的人格特质具有不同的职业发展潜力，其中探索型、艺术型人格适合从事创造性工作，企业型、社会型适合从事管理类工作，常规型、实际型适合从事操作性工作。在"卓越农林人才教育培养计划"的三类卓越农林人才中，本科层次及以上的教育主要培养拔尖创新型人才和复合应用型人才（实用技能型人才主要由中等职业教育和高职高专承担），要实现个体职业发展潜力的最优化挖掘，必须开展基于人－职匹配的拔尖创新型、复合应用型人才分类培养，其中拔尖创新型人才培养应遴选具有探索型、艺术型人格特质的培养对象，着力强化创新意识、创新思维和创新能力培养。③基于建构主义教育理念的人才培养过程改革实践。建构主义教育理念强调三大教育思想：个体的发展是主体与客体不断地相互作用、逐渐构造的结果；人的高级心理机能不是从内部自发产生的，心智发展只能形成于人们的协同活动和人际交往；实践活动是构建个体高级心理机能的基本途径。贯彻建构主义教育理念，南方粮油作物协同创新中心的人才培养改革专项主要实施了以下改革举措：一是强化卓越农业人才培养的主体与客体互作机制，实行本科生全程导师制和研究生导师团队制；二是拓展心智发展的协同活动与人际交往机制，改革人才培养过程，开展辩论式教学、讨论式教学、参与式教学、混合式教学改革，激活学生在学习过程中的思维主动性；三是重视实践活动在发展高级心理机能方面的独特优势，实现大学生研究性学习和创新性实验计划全覆盖，实现自主学习与研究性学习的高效实施；强化针对性实践教学环节，拔尖创新型人才培养实行全程参与科研实践，复合应用型人才实行分阶段顶岗实习，实现学生高级心理机能的有序发展和有效训练。

（2）科学规划，创新顶层设计思路。南方粮油作物协同创新中心的人才培养计划项目重视人才培养的顶层设计，在准确定位各类人才培养计划项目培养目标的前提下，改革人才培养模式，强化实践教学环节，强化与南方粮油作物现代化生产的科学对接，形成了特色化的卓越农业人才培养模式。①人才培养项目的顶层设计。在广泛调研的基础上，针对当前高等农业教育的现状和问题，根据南方粮油作物现代化生产的实际需要，制订了南方粮油作物协同创新中心人才培养计划，实施五类卓越农业人才培养改革：第一类是依托农学专业开办隆平创新实验班，实施本科层次的拔尖创新型人才培养；第二类是依托农村区域发展专业开办春耕现代农业实验班，实施本科层次的复合应用型人才培养；第三类是在作物栽培与耕作学、作物遗传育种、种子科学与技术、土壤学、植物营养学、植物病理学、农业昆虫与害虫防治、农业机械化工程 8 个二级学科硕士点的学术型硕士研究生中选拔培养对象，实施硕士层次的拔尖创新型人才培养；第四类是在作物、种业、植物保护、农业工程、农业机械化、作物信息科学、农业科技组织与服务、农村与区域发展 8 个专业的专业硕士研究生中选拔培养对象，实施硕士层次的复合应用型人才培养；第五类是在作物学一级学科博士点的博士研究生中选拔培养对象，实施博士层次的高端创新人才培养（图 1-3）。②人才培养模式改革。农学专业是湖南农业大学的传统特色专业，具有强劲的学科资源和科技创新平台支撑，以该专业为基础开办的隆平创新实验班，实行 3+X 人才培养模式，积极探索本-硕、本-硕-博连续培养机制。具体实施方法：第一学年完成公共基础课和部分专业基础课学习；第二、三学年完成专业基础课、专业主干课及实践教学环节的学习，同时进入导师科研团队进行创新能力训练；第四学年进入导师科研团队进行科技创新实践，完成学士学位论文。学制：本科四年，本-硕连续培养 6 年，本-硕-博连续培养 8～10 年。对于本科毕业自主考研或就业的学生，实行 3+1 模式，前三年完成课程学习，第四学年全程参加科研实践并完成毕业论文；本-硕连读或本-硕-博连读的学生，第四学年进入导师团队，在导师指导下开展对接南方粮油作物协同创新中心的相关课题研究，由浅入深地分别完成不同培养阶段的学位论文。由于目前学籍管理方面的政策限制，本-硕、本-硕-博连读的学生主要培养已取得推荐免试攻读硕士研究生资格的本科生。

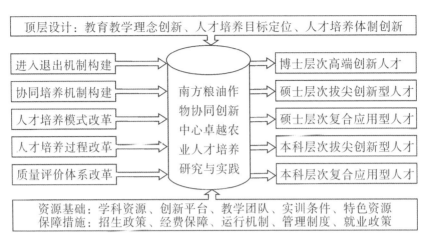

表1-3 南方粮油作物协同创新中心人才培养计划项目

（3）整合资源，构建协同培养机制。南方粮油作物协同创新中心的人才培养计划项目，坚持以机制体制改革为核心，以协同创新中心建设为载体，构建高效运作的协同培养机制，全面提升人才培养质量。①整合学科资源和创新平台，夯实卓越农业人才培养的资源基础。中心整合湖南农业大学的国家级重点学科作物栽培学与耕作学、湖南杂交水稻研究中心的杂交水稻国家重点实验室和水稻国家工程实验室以及其他参与单位的国家级重点学科和科技创新平台，形成了面向南方粮油作物现代化生产的科技创新团队和示范团队，集聚了一批高端人才，实现了科研资源的有效共享，为中心的人才培养计划项目提供了丰富的优质资源。在实施过程中，依托中心各创新团队的高端人才和研发骨干，构建了高水平的教学团队，为各层次的人才培养计划项目提供了高水平师资队伍和导师资源；依托中心的创新平台和研发任务，为各层次的人才培养计划项目提供了对接南方粮油作物现代化生产的培养条件和选题资源。②依托创新团队和研发任务，构建拔尖创新型人才培养的特色平台。中心以国家重大需求为牵引，以创新资源和要素的有效汇聚为保障，凝练了种质资源创制与利用、种植模式与农艺技术创新、机械化生产配套技术与装备研制三大创新平台和11个创新团队，每个创新团队均有明确的研发方向和一批重大研发任务，各层次的拔尖创新型人才培养对接创新团队及其研发任务，开展创新能力训练并形成创新教育成果。本科层次的隆平创新实验班学生，第二学年开始进入团队参加科研实践，第三学年对接导师的研发任务开展"六边"综合实习，第四学年全程参加科研实践并根据所承担的试验项目完成毕业论文。学术型硕士研究生和博士研究生入学即对接相应的创新团队成为团队成员，全学程参加团队的研发项目，形成自己的创新教育显性成果（学术论文、发明专利及各类获奖等），完成高水平的学位论文。③充分利用示范基地和企业资源，构建复合应用型人才培养的特色平台。南方粮油作物协同创新中心在南方稻区各省建成了一批示范基地，为复合应用型人才培养提供了特色化的实训基地，袁隆平农业高科技股份有限公司、湖南金健米业股份有限公司、现代农业装备科技股份有限公司等现代农业企业集研发、生产、营销、管理等功能于一体，更是复合应用型人才培养的重要资源。本科层次的春耕现代农业实验班学生，第三学年进入中心集成示范平台的示范基地开展"六边"综合实习，第四学年进入现代农业企业开展分阶段轮岗的顶岗实习，全面提高综合职业技能。作为复合应用型人才培养的专业硕士，第一学年对接中心集成示范平台的示范基地开展广泛的调研，第二学年进入现代农业企业进行多岗位锻炼的管理实践，并对接中心研发任务完成学位论文。

（4）开拓创新，优化人才培养过程。①强化因材施教的导师制改革。隆平创新实验班实行全程导师制，春耕现代农业实验班实行双导师制（校内导师＋企业导师），硕士研究生和博士研究生实行导师团队制，在南方粮油作物协同创新中心的创新团队和示范基地中聘任高水平教学科研人员和管理精英担任导师，明确导师的六大职责：第一，生活指导。导师在新生入学时向学生介绍大学学习和生活特点，加速新生的入学适应，及时了解学生的实际困难并给予指导。第二，学习指导。第一学期指导学生制订全学程学业规划和分阶段的学习计划；全学程关注学生修业情况，指导学生提高学习能力；组织和指导学生开展社会实践活动，提高学生的综合素质。第三，心理疏导。导师应全程关注学生心理动态，帮助学生疏导心理困惑，指导学习形成积极人格。第四，科技创新指导。导师组织学生开展科技创新实践，组建具有年级梯度的创新团队，积极申报学院、学校和省级、国家级大学生研究性学习和创新性实验计划项目，安排学生提早进入实验室或跟随导师科研项目参加科研实践，激发学生的科研热情，训练学生的创新能力。第五，学位论文指导。导师是学位论文的指导教师，为了提高毕业论文质量，导师应提早给学生安排选题，尽量将学生在低年级阶段参与的科技创新活动与毕业论文结合起来，原则上学生有 2 年时间开展毕业论文的研究和写作。第六，就业创业指导。全学程注意引导学生形成正确的就业观。学生进入高年级阶段后，导师要关注学生的就业动态并积极提供就业信息。对于有志创业的学生，导师应及时给予指导。②强化师生互动的教学方法改革。建构主义教育理论认为，人的高级心理机能缘于人们的协同活动、人际交往和相互作用，因此，南方粮油作物协同创新中心的人才培养改革项目实施了以下改革举措：一是实行小班化教学，教学班授课人数控制在15～30人，增加学生与教师的互动频度；二是探索国际化教学改革，通过与国外知名高校交流培养、聘请海外专家授课、选派学生到"一带一路"相关国家进行农业考察等，拓展学生国际化视野，提高学生国际交流能力，强化国际化培养；三是加强教学手段改革，以"作物栽培学"国家级精品资源共享课建设为引领，加强网络课程资源建设，广泛开展微课、幕课、私播课建设，构建作物学主干课程的网络课程资源体系，为教学过程中开展混合式教学、翻转课堂教学改革奠定资源基础；四是依托网络课程资源和作物学一级学科资源建设成果，积极开展教学方法改革，探索讨论式教学、辩论式教学、探索性教学改革，提高学生的教学过程参与度，实现学生从被动式学习到主动式学习的转变。③强化过程体验的自主学习和研究性学习改革。知识结构、能力提升和高级心理机能发育必须依赖于多样化的实践体验。为了强化全学程的实践体验活动，南方粮油作物协同创新中心人才培养改革项目主要开展以下改革实践：一是在本科阶段教育开展第四学年全程实践体验，拔尖创新型人才培养对象进入导师科研团队进行科研实践，复合应用型人才培养对象进入示范基地进行分阶段顶岗实习，研究生阶段教育作为导师团队成员全程开展科研实践和农业科技创新活动，强化学生的实践体验；二是鼓励学生申报国家级大学生创新创业计划项目、湖南省大学生研究性学习与创新性实验计划项目、湖南农业大学创新性实验计划项目，同时南方粮油作物协同创新中心增设大学生研究性学习项目，实现研究性学习项目的全覆盖，通过强化任务驱动式学习，使学生在研究性学习过程中迅速提高综合素质；三是依托特色化激励机制激发学生利用课余时间自主学习的积极性和主动性，构建由混合式教学改革、暑期社会实践活动、"三下乡"社会实践活动、"六边"综合实习、研究性学习、探索性学习、创新教育显性成果等构成的体系化自主学习机制，提升学生自主学习能力。

南方粮油作物协同创新中心人才培养计划项目自2014年实施以来，广泛吸纳国内外教育教学改革成果和实践经验，全面分析卓越农业人才培养的目标状态和现实需求，从教育教学理念、人才培养机制、人才培养模式、人才培养过程等领域积极创新、勇于改革，同时在教育教学质量保障体系建设和人才培养激励机制等方面给予保障，取得了一定的成效。当然，十年树木，百年树人，人才培养的实际效果有待实践检验和社会认同。但是，当今中国高等教育领域的改革势在必行，南方粮油作物协同创新中心秉承"积极联合国内外创新力量，有效聚集创新要素和资源，构建协同创新的新模式，形成协同创新的新优势"的建设宗旨，整合特色化教育教学资源，争取在人才培养领域做出积极贡献。

（四）南方粮油作物协同创新中心本科人才培养实施细则

为了推进多元化人才培养模式改革，全面提高人才培养质量，主动适应现代农业发展需求，稳步推进"2011计划"本科人才培养改革试点项目的实施，特制订本细则。

（1）实验班设置。为推进本科生多元化培养模式改革，加快培养适应现代化生产要求的拔尖创新型与复合应用型人才，南方粮油作物协同创新中心（以下简称"中心"）面向2013～2016级学生开办隆平创新实验班和春耕现代农业实验班，全面探索卓越农业人才培养模式改革，为本科人才培养改革提供示范。①隆平创新实验班。主要培养适应现代农业发展需求的拔尖创新型人才。该班的对应专业名称为"农学"，对外全称为"20XX级隆平创新实验班"，班级编号为"农学20XX-C"，每届一个班，每班人数控制在15～30人。①培养机制。实行"3+X"个性化培养，积极探索本-硕连读机制，培养具有较强的创新意识、创新思维和创新能力的拔尖创新型卓越农业科技人才。本科阶段培养突出基础理论，强化双语教学，强化科研实践训练。前三学年完成校内课程学习并全程跟随导师团队开展科研实践，第四学年分流：实行本-硕连读的学生进入硕士学位论文的前期研究并完成学士学位论文，其余学生进入导师团队进行科研训练并完成本科毕业论文。②培养模式。第一，实行全程导师制；第二，采用小班化教学，强化个性化、国际化教育教学改革；第三，积极探索讨论式教学、混合式教学、探索性学习、研究性学习等教学方法改革，全面推进翻转课堂、慕课（MOOCs）等现代教育技术应用。②春耕现代农业实验班。春耕现代农业实验班主要培养适应现代农业发展需求的复合应用型人才。该班的对应专业名称为"农村区域发展"，对外全称为"20XX级春耕现代农业实验班"，班级编号为"农村区域发展20XX－C"，每届一个班，每班人数控制在15～30人。①培养机制。采用"三段二双"协同培养机制，其中，"三段"是指全学程分为2年课堂学习为主、1年中心实训为主、1年企业实践为主；"二双"指双元制（学校与企业联合培养）和双导师制（校内导师＋行业导师）。②培养模式。第一，实行全程双导师制；第二，采用小班化教学，强化个性化培养，重视职业能力训练，提高综合素质；第三，积极探索讨论式教学、混合式教学、探索性学习、研究性学习等教学方法改革，全面推进翻转课堂、MOOCs（海量在线开放课程）等现代教育技术应用。

（2）遴选和动态调整机制。隆平创新实验班面向理科考生，主要从当年录取的农学类专业学生中遴选。春耕现代农业实验班面向文理兼招考生，主要从当年录取的农村区域发展专业学生中遴选。采用"高考成绩＋职业倾向测试＋面试综合考察"的方式实施。①按高考成绩遴选机制。实验班招生计划单列，面向全校相关专业学生公开遴选，在新生报到后约定统一时间面试并确定学生名单。基本条件。重点考察英语单科分：总分为150分的省份达120分以上（含120分，下同），总分为120分的省份达96分以上，总分为100分的省份达80分以上。②考察遴选机制。实验班的培养对象遴选采取个人申请、职业人格测试、个性特长考察、发展意愿考察、面试综合考察的方式进行。①职业人格测试。面试时组织学生进行职业人格测试，具有"研究型""艺术型"职业人格特征倾向的学生重点考虑作为隆平创新实验班培养对象，具有"社会型""企业型"职业人格特质者重点考虑作为春耕现代农业创新实验班培养对象。②个性特长测试。考查学生的个性特长，中学阶段具有创新教育成果者重点考虑作为隆平创新实验班培养对象，具有班团干部经历者重点考虑作为春耕现代农业实验班培养对象。③个人意愿调查。职业生涯发展定位为科学研究和技术开发者，重点考虑作为隆平创新实验班培养对象；职业生涯发展定位为行政管理、企业管理、自主创业中的某一个方向者，重点考虑作为春耕现代农业实验班培养对象。④面试考察。主要考查学生的综合素质。③动态调整机制。已进入实验班学习的学生，其后续培养过程实行考核与动态调整制度。①考核和动态退出机制：第一，违反学校规章制度、受到警告及以上处分者，随时退出实验班。第二，实行实验班学业成绩零补考机制、英语过关制：学期有一门课程在 60 分以下者视为不合格；第四学期未通过大学英语四级者，视为不合格。第一至第三学年，以学年为单位，中心会同教务处为不合格学生办理退出实验班相关手续。第三，退出实验班学生同时转入同专业同年级相关班级继续学习完成学业。②择优进入机制。面向实验班的同专业学生，在修业期间构建选优进入机制，对符合条件的同专业学生，经本人申请，中心考察，前两学年可择优遴选进入实验班学习。

（3）激励机制。①优秀生源奖。入学时遴选进入创新班的学生，中心按 1000 元/人的标准发放优秀生源奖。按本细则规定的考核办法对创新班学生进行学年度考核，考核不合格者退出创新班，同时终止优秀生源奖和其他待遇，回相应专业普通班继续学习完成学业。②奖学助研制度。实验班学生在享受同类学生奖学金和助学金待遇的基础上，中心为实验班提供以下激励政策。①提高学年综合奖学金评优比例。以学年为单位对实验班学生进行综合测评，测评结果分四等：优秀、良好、合格、不合格。在享受学校奖助学金相关政策的前提下另行奖励：评定"优秀"（≤30％）的学生，6000 元/学年；评定为"良好"（≤40％）的学生，4000 元/学年；评定为"合格"和"不合格"的学生，不予奖励。②外语学习专项奖学金。第四学期及以前大学英语六级成绩达到 425 分及以上者，奖励 2000 元/人。③创新成果奖励。学生入学即安排导师，参与导师团队的协同创新研究。中心对实验班学生在校修业期间取得的创新教育显性成果给予奖励：以第一作者发表核心期刊学术论文 4000 元/篇；其他成果奖励标准按学校统一规定执行。③升学激励机制。学校为实验班单列推免生指标，为实施本－硕连读提供条件：拔尖创新型人才培养对接学术型硕士、复合应用型人才对接专业型硕士。推免比例不低于 10％。④毕业激励机制。①隆平创新实验班学生毕业后，择优推荐免试攻读硕士学位研究生，其余优秀毕业生优先进入协同单位工作，或由中心聘用全职从事科学研究，或由中心协同单位选派赴国外从事访问交流。②春耕现代农业实验班学生毕业后，除免试攻读硕士研究生或考取硕士研究生者以外，优秀学生优先推荐到农业产业化龙头企业、专业合作组织、现代农业园区等单位工作，并鼓励、扶持其创业。⑤其他激励机制。①奖励课酬。中心对承担实验班教学任务的教师实行竞聘遴选，并实行小班教学，课时津贴按学院平均值上浮30％；双语教学上浮50％。②班主任津贴：中心对担任实验班的班主任除学校发放的津贴外，按1000元/学年的标准发放班主任补贴。③素质拓展专项经费。中心为实验班提供专项经费1万元/班/学年，用于实验班开展素质拓展活动的相关开支。④导师指导学生创新津贴。对履行《南方粮油作物协同创新中心本科生导师制实施办法》规定的导师职责并通过考核的指导教师（包括校外导师），按1000元/生/学年的标准发放导师津贴。⑤科技英语辅导老师津贴。为提升学生的外语应用能力，第一学年除公共英语课之外，每周安排4～6课时的科技英语辅导课，辅导教师的课酬按100元/课时支付。

（4）本科生导师制。①隆平创新实验班。本科培养期间实行导师负责制，导师负责学生的学业指导、心理疏导、生活指导和毕业论文指导等。②春耕现代农业实验班。实行双导师制，即校内导师＋校外导师。校内导师四年一贯制，校外导师前二年采用专家讲座方式进行专业导学，第三年配备协同创新中心指导教师，第四年配备企业指导教师。

（5）人才培养方案改革。隆平创新实验班纵向拓展生物学基础课程和现代生物技术类课程，强化实验技能训练和创新能力培养；春耕现代农业实验班横向拓展大农学专业知识，强化职业技能训练和综合素质提升。中心为隆平创新实验班和春耕现代农业实验班分别提供5万元的教学研究与改革项目经费，其中教改项目2项，每项2万元，视同校级教改课题；另外1万元用于教学研讨经费，包括人才培养方案修订、教学大纲编制等的劳务费。教改项目经费由研究费用和绩效奖励构成，研究费用实报实销，绩效奖励依据教改显性成果（教改论文、教改效果等）采用后补助方式发放。

（6）人才培养过程改革。①小班化教学。实验班全程采用小班化教学，教学班不超过30人。②国际化教学。与国外知名大学交流培养，聘请国外专家授课。自第二学年起，每学期至少2次，每次不少于4学时，确保2～3门主干课程由国内外知名专家或教授授课；每班选派2～3名优秀学生出国留学。③教学方法改革。广泛开展讨论式教学与辩论式教学，结合农业生产实行田间授课与现场授课。鼓励双语教学，主干专业课全程或至少一半的章节实行双语教学。调研访修教学，到国内访修本领域的高新技术和研究手段，如组学、农业传感技术、农业遥感技术、农业大数据、农业物联网等现代农业技术；利用假期调研现代农业热点问题，如规模集约化生产、农业企业化经营、专业化技术服务等。访修于第二、三、四学年各进行1次，每次2～3天；调研于第二、三学年各进行1次。④教学手段改革。积极探索基于现代教育技术的教学手段改革。⑤探索性学习与研究性学习。为本科生提供创新教育专项经费，由学生申报选题，在导师指导下开展研究性学习和探索性学习。评审通过的项目按1万元/项的标准先立项，每班5～10项，项目完成后组织验收，依据显性成果数量和质量评定项目完成质量及资助经费：优—1.5万元，良—1万元，合格—0.5万元，不合格—不予资助。⑥素质拓展。在"六求"（求真、求善、求美、求实、求特、求强）教育的基础上，围绕"思想政治与道德素养""社会实践与志愿服务""科技学术与创新创业""文体艺术与身心发展""社团活动与社会工作""技能培训"等主题，每学期至少由学生自主策划并开展1次素质拓展活动。

（7）质量评价体系改革。①专业课考核改革。主要专业基础课和专业主干课采用"课程论文（设计）＋课程考试"相结合的考核方式，强化自主学习能力训练。鼓励课程考核方式的改革研究，提倡考核方式多样化。②实践技能考核改革。基本技能、专业技能实行技能过关制。③综合素质考察。综合考察思想品德、日常表现、学术规范等，采用校内导师＋班主任＋学工组评价模式。④创新教育业绩考察。拔尖创新型人才培养重视低年级学生的创新意识、创新思维考察，高年级学生主要考察创新教育显性成果。⑤创业教育业绩考察。复合应用型人才培养重视低年级学生的创业意识、创业精神考察，高年级学生主要考察顶岗实习及创业实践综合表现。

（8）教学团队建设。作物学教学团队应针对隆平创新实验班的拔尖创新型人才培养目标，积极引进高端人才，构建结构合理、运行高效、团队合作精神强的高水平教学团队。农村区域发展专业教学团队应全力加强师资队伍建设，加快引进高素质人才，进一步强化师资支撑。中心为2个教学团队各提供2万元/年的教学团队建设专项经费。

（9）课程资源建设。①网络课程资源建设。农学专业和农村区域发展专业必须尽快启动网络课程资源建设，每年建设2门以上网络平台课程资源，有效应对现代教育技术发展新形势，积极构建高水平课程资源。中心为每门网络课程资源建设提供5万元的专项经费，用于课程建设的劳务支出。拟建网络平台课程及其建设方案另行专题研究决定。②教材建设。农学专业和农村区域发展专业必须针对实验班的教学目标，加快教材建设步伐，积极开发针对实验班的特色教材。中心对为实验班开发的特色教材提供5万元/种的教材建设专项经费。农学专业拟编写教材：现代作物学实验技术，作物学实践指导，组学及实验技术；农村区域发展专业拟编写教材：农村社会实践指导，农业文化遗产传承与创新，精准农作。具体编写方案另行专题研究决定。③实验室建设。每年为创新实验室提供50万元的建设经费，经费预算另行编制。

（10）教学管理制度建设。针对实验班的教育教学管理，加强教学管理制度建设，推进教学管理规范化、科学化。在各教学单位原有教育教学管理制度的基础上，应针对中心人才培养计划加强教学管理制度建设。中心为教学管理制度建设提供1万元/年的专项经费。规范相关教学基层组织的教学档案管理，为隆平创新实验班和春耕现代农业实验班建立健全档案体系。中心为教学档案建设提供1万元/年的专项经费。

（五）南方粮油作物协同创新中心"3+X"人才培养模式改革

为响应乡村振兴战略的时代号召，适应现代农业发展需求，进一步提高研究生培养质量，推进南方粮油作物协同创新中心人才培养改革试点项目的实施，结合学校实际，制定南方粮油作物协同创新中心"3+X"人才培养模式改革实施办法。

（1）"3+X"人才培养模式的基本内涵。"3+X"卓越农业人才培养模式除本科阶段的"3+1"培养模式外，研究生期间主要实施"3+3""3+3+3"两种培养模式。①"3+1"本科培养模式。本科阶段前三年完成课程学习，第四年分流：拔尖创新型人才培养对象进入导师团队参与科学研究接受科研能力训练并完成本科毕业论文，复合应用型人才进入创业团队初试创业体验并完成本科毕业论文，实用技能型人才按分阶段采用师徒制参加顶岗实习训练专业技能并完成本科毕业论文。②"3+3"本—硕连续培养模式。要求本科阶段和研究生阶段跨学科学习。实验班学生完成本科阶段前3年学业任务并取得推荐免试攻读硕士研究生资格，经选拔后，对接专业型硕士研究生培养方案，第4学年开始进入硕士研究生培养过程，同时完成本科毕业论文并取得学士学位和本科毕业证,第 5 学年注册为专业学位硕士研究生,全学程 6 年,达到培养要求者取得专业硕士学位和硕士研究生毕业证。③"3+3+3"本—硕—博连续培养模式。要求本、硕、博阶段专业均为作物学一级学科门类。实验班学生完成本科阶段前 3 年学业任务并取得推荐免试攻读硕士研究生资格,经选拔后,对接学术型硕士研究生培养方案,第 4 学年开始进入硕士研究生培养过程,同时完成本科毕业论文并取得学士学位和本科毕业证,第 5 学年注册为学术型硕士研究生,第 7 学年取得硕—博连读资格,全学程 9 年,达到培养要求者取得博士学位和博士研究生毕业证。未达到培养要求者,转为"3+4"执行模式,申请学术型硕士研究生学位和硕士研究生学历。

(2)"3+X"人才培养对象的遴选条件:根据《南方粮油作物协同创新中心本科人才培养实施细则》(湘农大〔2016〕28 号)要求执行,面向当年实验班四年级的学生按学生人数的 20% 单列推免生指标,用于推荐免试攻读硕士学位研究生实施"3+X"人才培养模式改革。对已取得"推免生"资格的实验班学生,由农学院和粮油中心本科人才培养专家组根据《湖南农业大学推荐优秀应届本科毕业生免试攻读硕士学位研究生实施办法》(湘农大〔2014〕19 号)要求,组织综合考察,遴选培养对象。遴选出的培养对象可选择"3+3"或"3+3+3"培养模式中的任意一种。①选择"3+3"培养模式。学生在本科阶段应有担任学生干部和社会实践经历;其本科阶段的指导教师(以下简称"导师")应具有硕士研究生导师资格,年到位科研经费 20 万元以上。②选择"3+3+3"培养模式。学生在本科阶段应有较扎实的科研训练基础、强烈的创新意识及能力,以第一作者发表学术论文 1 篇以上;其本科阶段的导师应具有博士研究生导师资格,年到位科研经费 50 万元以上。

(3)贯通式培养。以营造创新环境、实施创新教育、培养创新能力、塑造创新人格为原则,单独制订培养方案,科学构建研究生课程体系,优化研究生培养环节,明确培养要求和学位标准。"3+3"培养模式实施"本、硕"贯通式培养,突出复合应用型的高层次管理人才培养的目标定位;"3+3+3"培养模式实施"本、硕、博"贯通式培养,突出科学研究型的高层次创新人才培养的目标定位。

(4)全程导师制。本科阶段实行全程本科生导师制,研究生阶段实行

"团队指导+责任导师制"，且本科阶段的导师和研究生阶段的责任导师为同一人。

（5）学习激励机制。培养对象在享受学校相应层次研究生全部待遇的基础上，粮油中心单独设立以下激励：①外语单项奖学金。奖励外语取得第三方认证达到出国留学基本要求者（如 IELTS（雅思考试）达 6.5 分及以上；PETS（全国英语等级考试）5 笔试 60 分及以上、口语 3 分及以上、听力 18 分及以上；TOEFL（托福考试）达 90 分及以上），奖励标准为 2000 元/人，取得多项证书者不重复奖励。②中期考核专项奖学金。奖励中期考核成绩为"优秀"的学生，奖励标准为 1000 元/人。③培养对象可优先获得学校未来学科骨干人才培养计划的资助。

（6）创新激励机制。①研究性学习项目。在《南方粮油作物协同创新中心本科人才培养实施细则》中明确的"探索性学习与研究性学习"项目的基础上，培养对象申报并经评审通过的项目按 5 万元/项的标准实行立项资助，项目完成验收后的资助标准参照《南方粮油作物协同创新中心本科人才培养实施细则》规定执行。②创新成果奖。在《湖南农业大学全日制研究生奖助学金管理办法》（湘农大〔2015〕42 号）中关于全日制研究生科研成就奖学金的奖励基础上，中心按 1∶1 配套加大奖励力度。

（7）国际化培养机制。鼓励"3+X"卓越农业人才培养模式改革开展国际化人才培养，导师应积极联系国内外知名高校或科研机构，为培养对象提供交流学习、联合培养或访学机会。①培养对象到国内知名高校或科研机构访学或交流学习 2 个月以上，粮油中心按 20000 元/人次的标准给予资助。②培养对象到国外知名高校或科研机构访学或交流学习 2 个月以上，粮油中心按 50000 元/人次的标准给予资助。

三、"双一流"建设新引领

2015 年 8 月 18 日，中央全面深化改革委员会会议审议通过《统筹推进世界一流大学和一流学科建设总体方案》；10 月 24 日，国务院印发《统筹推进世界一流大学和一流学科建设总体方案》；对新时期高等教育重点建设做出新部署，将"211 工程""985 工程"及"优势学科创新平台"等重点建设项目，统一纳入世界一流大学和一流学科建设；同年 11 月，由国务院印发，决定统筹推进建设世界一流大学和一流学科。

2017 年 1 月 24 日，经国务院同意，教育部、财政部、国家发展和改革委员会联合印发《统筹推进世界一流大学和一流学科建设实施办法（暂行）》；9月21日，教育部、财政部、国家发展改革委联合发布《关于公布世界一流大学和一流学科建设高校及建设学科名单的通知》，世界一流大学和一流学科建设高校及建设学科名单正式确认公布；10月18日，习近平总书记在十九大报告中指出，要加快一流大学和一流学科建设；12月底，各高校"双一流"方案陆续公布，方案是各高校围绕"双一流"建设总体目标。

2018年9月28日至29日，中国教育部在上海召开"双一流"建设现场推进会。时任教育部党组书记、部长陈宝生出席会议并讲话。北京大学、中国人民大学、清华大学、哈尔滨工程大学、南京大学、浙江大学、云南大学、兰州大学、上海市、陕西省作了交流发言。财政部、国家发改委相关负责同志重点对中央两部委加快"双一流"建设的工作考虑做了说明。

2019年，教育部官网发布声明：已将"211工程"和"985工程"等重点建设项目统筹为"双一流"建设。

（一）指导思想

习近平总书记强调教育是国之大计、党之大计，提出培养德智体美劳全面发展的社会主义建设者和接班人，明确以凝聚人心、完善人格、开发人力、培育人才、造福人民为工作目标，提出扭转教育评价导向、深化教育改革等重要举措，特别是将新时代中国特色社会主义教育理论体系概括为"九个坚持"，标志着对我国教育事业的规律性认识达到一个新的高度。习近平总书记高度重视"双一流"建设，强调要加快一流大学和一流学科建设，鼓励高校办出特色，在不同学科不同方面争创一流，为加快"双一流"建设指明了方向。

要高举中国特色社会主义伟大旗帜，以邓小平理论、"三个代表"重要思想、科学发展观、习近平新时代中国特色社会主义思想为指导，认真落实党的十九大和十九届二中、三中、四中全会精神，按照"四个全面"战略布局和党中央、国务院决策部署，坚持以中国特色、世界一流为核心，以立德树人为根本，以支撑创新驱动发展战略、服务经济社会发展为导向，加快建成一批世界一流大学和一流学科，提升我国高等教育综合实力和国际竞争力，为实现"两个一百年"奋斗目标和中华民族伟大复兴的中国梦提供有力支撑。

要坚持中国特色、世界一流，就是要全面贯彻党的教育方针，坚持社会主义办学方向，加强党对高校的领导，扎根中国大地，遵循教育规律，创造性地传承中华民族优秀传统文化，积极探索中国特色的世界一流大学和一流学科建设之路，努力成为世界高等教育改革发展的参与者和推动者，培养中国特色社会主义事业建设者和接班人，更好地为社会主义现代化建设服务、为人民服务。

（二）基本原则

为贯彻落实党中央、国务院关于 2017 年稳中求进工作总基调要求，结合"双一流"建设实际，经广泛征求意见，确定总的工作原则是稳中求进、继承创新、改革发展。

稳中求进，即从建设基础出发，平稳开局，平稳过渡，平稳推进，不搞全体发动、推倒重来；继承创新，即充分考虑高等教育重点建设基础，继承好已有建设成效，同时创新建设管理模式，充分调动各方面的资源和力量，促进高等教育区域协调发展；改革发展，即以改革为动力，既要坚持竞争开放、动态调整，打破身份固化，强化绩效激励，又要强调改革引领、深化综合改革，切实推动高校内涵式发展、提高质量。

（三）建设目标

推动一批高水平大学和学科进入世界一流行列或前列，加快高等教育治理体系和治理能力现代化，提高高等学校人才培养、科学研究、社会服务和文化传承创新水平，使之成为知识发现和科技创新的重要力量、先进思想和优秀文化的重要源泉、培养各类高素质优秀人才的重要基地，在支撑国家创新驱动发展战略、服务经济社会发展、弘扬中华优秀传统文化、培育和践行社会主义核心价值观、促进高等教育内涵发展等方面发挥重大作用。到 2020 年，若干所大学和一批学科进入世界一流行列，若干学科进入世界一流学科前列。到 2030 年，更多的大学和学科进入世界一流行列，若干所大学进入世界一流大学前列，一批学科进入世界一流学科前列，高等教育整体实力显著提升。到 21 世纪中叶，一流大学和一流学科的数量和实力进入世界前列，基本建成高等教育强国。

（四）具体任务

（1）建设一流师资团队。深入实施人才强国战略，强化高层次人才的支撑引领作用，加快培养和引进一批活跃在国际学术前沿、满足国家重大战略需求的一流科学家、学科领军人物和创新团队，聚集世界优秀人才。遵循教师成长发展规律，以中青年教师和创新团队为重点，优化中青年教师成长发展、脱颖而出的制度环境，培育跨学科、跨领域的创新团队，增强人才队伍可持续发展能力。加强师德师风建设，培养和造就一支有理想信念、有道德情操、有扎实学识、有仁爱之心的优秀教师队伍。

（2）培养拔尖创新人才。坚持立德树人，突出人才培养的核心地位，着力培养具有历史使命感和社会责任心，富有创新精神和实践能力的各类创新型、应用型、复合型优秀人才。加强创新创业教育，大力推进个性化培养，全面提升学生的综合素质、国际视野、科学精神和创业意识、创造能力。合理提高高校毕业生创业比例，引导高校毕业生积极投身大众创业、万众创新。完善质量保障体系，将学生成长成才作为出发点和落脚点，建立导向正确、科学有效、简明清晰的评价体系，激励学生刻苦学习、健康成长。

（3）提升科学研究水平。以国家重大需求为导向，提升高水平科学研究能力，为经济社会发展和国家战略实施作出重要贡献。坚持有所为有所不为，加强学科布局的顶层设计和战略规划，重点建设一批国内领先、国际一流的优势学科和领域。提高基础研究水平，争做国际学术前沿并行者乃至领跑者。推动加强战略性、全局性、前瞻性问题研究，着力提升解决重大问题能力和原始创新能力。大力推进科研组织模式创新，依托重点研究基地，围绕重大科研项目，健全科研机制，开展协同创新，优化资源配置，提高科技创新能力。打造一批具有中国特色和世界影响的新型高校智库，提高服务国家决策的能力。建立健全具有中国特色、中国风格、中国气派的哲学社会科学学术评价和学术标准体系。营造浓厚的学术氛围和宽松的创新环境，保护创新、宽容失败，大力激发创新活力。

（4）传承创新优秀文化。加强大学文化建设，增强文化自觉和制度自信，形成推动社会进步、引领文明进程、各具特色的一流大学精神和大学文化。坚持用价值观引领知识教育，把社会主义核心价值观融入教育教学全过程，引导教师潜心教书育人、静心治学，引导广大青年学生勤学、修德、明辨、笃实，使社会主义核心价值观成为基本遵循，形成优良的校风、教风、学风。加强对中华优秀传统文化和社会主义核心价值观的研究、宣传，认真汲取中华优秀传统文化的思想精华，做到扬弃继承、转化创新，并充分发挥其教化育人作用，推动社会主义先进文化建设。

（5）着力推进成果转化。深化产教融合，将一流大学和一流学科建设与推动经济社会发展紧密结合，着力提高高校对产业转型升级的贡献率，努力成为催化产业技术变革、加速创新驱动的策源地。促进高校学科、人才、科研与产业互动，打通基础研究、应用开发、成果转移与产业化链条，推动健全市场导向、社会资本参与、多要素深度融合的成果应用转化机制。强化科技与经济、创新项目与现实生产力、创新成果与产业对接，推动重大科学创新、关键技术突破转变为先进生产力，增强高校创新资源对经济社会发展的驱动力。

第二节　新农科建设在行动

一、新农科建设思想脉络

（一）安吉共识：中国新农科建设宣言

2019 年 6 月 28 日，全国涉农高校的百余位书记校长和农林教育专家齐聚浙江安吉余村，共商新时代中国高等农林教育发展大计，在"绿水青山就是金山银山"理念诞生地，共同发布"安吉共识——中国新农科建设宣言"。

（1）我们的共识：新时代新使命要求高等农林教育必须创新发展。没有农业农村现代化，就没有整个国家现代化。新时代对高等农林教育提出了前所未有的重要使命。打赢脱贫攻坚战，高等农林教育责无旁贷；实施乡村振兴战略，高等农林教育重任在肩；推进生态文明建设，高等农林教育义不容辞；打造美丽幸福中国，高等农林教育大有作为。面对农业全面升级、农村全面进步、农民全面发展的新要求，面对全球科技革命和产业变革奔腾而至的新浪潮，面对农林教育发展的深层次问题与严峻挑战，迫切需要中国高等农林教育以时不我待的使命感紧迫感锐意改革，加快建设新农科，为更加有效保障粮食安全，更加有效服务乡村治理和乡村文化建设，更加有效保证人民群众营养健康，更加有效促进人与自然的和谐共生，着力培养农业现代化的领跑者、乡村振兴的引领者、美丽中国的建设者，为打造天蓝山青水净、食品安全、生活恬静的美丽幸福中国做出历史性的新贡献。

（2）我们的任务：新农业新乡村新农民新生态建设必须发展新农科。①面向新农业。新农业是确保国家粮食安全之业，更是三产融合之业、绿色发展之业。新农科建设要致力于促进农业产业体系、生产体系、经营体系转型升级，优化学科专业结构，重塑农业教育链、拓展农业产业链、提升农业价值链，推动我国由农业大国向农业强国跨越。②面向新乡村。新乡村是农业生产之地，更是产业兴旺之地、生态宜居之地。新农科建设要致力于促进乡村产业发展，服务城乡融合和乡村治理，把高校的人才、智力和科技资源辐射到广阔农村，促进乡村成为安居乐业的美好家园。③面向新农民。新农民是健康食品和原材料生产者，更是现代产业经营者、美丽乡村守护者。新农科要致力于服务农业新型经营主体发展，融合现代科技和管理知识，培育新型职业农民，助推乡村人才振兴。④面向新生态。新生态是人与自然和谐共生的命运共同体，更是经济社会发展的新的生产力。新农科建设要致力于服务山水林田湖草系统治理，树立和践行"绿水青山就是金山银山"的理念，提升生态成长力，助力美丽中国建设。

（3）我们的目标：扎根中国大地掀起高等农林教育的质量革命。①开改革发展新路。开创农林教育新格局，走融合发展之路，打破固有学科边界，破除原有专业壁垒，推进农工、农理、农医、农文深度交叉融合创新发展，综合性高校要发挥学科综合优势支持支撑涉农专业发展，农林高校要实现以农林为特色优势的多科性协调协同发展。创多元发展之路，服务国家粮食安全、农业绿色生产、生态可持续发展，以需求的多元化推进发展的差异化特色化，构建灵活的教育体系和科学的评价体系，推进人才培养从同构化向多样化转变，实现多类型多层次发展。探协同发展之路，创建产学研合作办学、合作育人、合作就业、合作发展的"旋转门"，推动建设每省"一校一所"联盟、农科教合作育人基地，推进人才培养链与产业链对接融合、教育资源与科研资源紧密整合。举全国涉农高校人才培养和科技服务之力助力脱贫攻坚和乡村振兴，汇聚起新时代新农业新乡村新农民新生态发展的磅礴力量。②育卓越农林新才。打造人才培养新模式，实施卓越农林人才教育培养计划升级版。对接农业创新发展新要求，着力提升学生的创新意识、创新能力和科研素养，培养一批高层次、高水平、国际化的创新型农林人才；对接乡村一二三产业融合发展新要求，着力提升学生综合实践能力，培养一批多学科背景、高素质的复合应用型农林人才；对接现代职业农民素养发展新要求，着力提升学生生产技能和经营管理能力，培养一批爱农业、懂技术、善经营的下得去、留得住、离不开的实用技能型农林人才，培育领军型职业农民。激励青年学子在农业农村广阔天地建功立业，为乡村振兴和生态文明建设注入源源不断的青春力量。③树农林教育新标。构建农林教育质量新标准，建设"金专"，基于农林产业发展前沿、基于生产生活生态多维度服务、基于新兴交叉跨界融合科技发展，优化增量，主动布局新兴农科专业，服务智能农业、休闲农业、森林康养、生态修复等新产业新业态发展；调整存量，用生物技术、信息技术、工程技术等现代科学技术改造提升现有涉农专业，加速推进农林专业供给侧改革。建设"金课"，基于农林实际问题、基于农林产业案例、基于科学技术前沿，开发新时代农林优质课程资源，创新以学生发展为中心的教育教学方法，推进农林教育教学与信息技术深度融合，提升农林课程的高阶性、创新性和挑战度。建设"高地"，构建校内实践教学基地与校外实习基地协同联动的实践教学平台，建设一批区域性共建共享农林实践教学基地，让农林教育走下"黑板"、走出教室、走进山水林田湖草，补齐农林教育实践短板。建设一批农林类一流专业、一流课程和一流实践基地，倾心打造高等农林教育"质量中国"品牌。

（4）我们的责任：为世界高等农林教育发展贡献中国方案。不忘初心、牢记使命，扎根中国大地办好高等农林教育，倾心倾力服务中国农业农村现代化和中华民族伟大复兴事业，是新时代中国高等教育肩负的庄严神圣使命。同时，作为世界农业大国、第一人口大国、第一发展中大国、第一高教大国，中国高等农林教育可以为解决全球粮食安全，农业农村发展，生态可持续发展，为服务人类命运共同体，共建美丽地球村贡献中国智慧、提供中国方案。这既是中国高等教育的责任担当，也是中国高等教育的世界情怀。中国强，农业必须强；中国美，乡村必须美；中国富，农民必须富。中国实现现代化，农业农村必须实现现代化。

（二）主席回信：殷切期望

2019年9月5日，习近平总书记给全国涉农高校书记校长和专家代表回信，对涉农高校加强人才培养与科技创新、服务"三农"事业发展予以充分肯定，对新时代高等农林教育发展提出了殷切期望。习近平总书记的重要回信，充分肯定了涉农高校牢记办学使命、精心培育英才、加强科研创新，为"三农"事业发展作出的积极贡献；特别强调了中国现代化离不开农业农村现代化，农业农村现代化关键在科技、在人才。新时代，农村是充满希望的田野，是干事创业的广阔舞台，我国高等农林教育大有可为；深切希望全国涉农高校继续以立德树人为根本，以强农兴农为己任，拿出更多科技成果，培养更多知农爱农新型人才，为推进农业农村现代化、确保国家粮食安全、提高亿万农民生活水平和思想道德素质、促进山水林田湖草系统治理，为打赢脱贫攻坚战、推进乡村全面振兴作出新的更大的贡献。

全面贯彻落实习近平总书记重要回信精神，各地各高校要认真组织学习，广泛开展宣传动员，深刻领会总书记回信的重大意义和精神实质，自觉把思想和行动统一到回信精神上来，把回信精神转化为推动高等教育改革发展的强大动力。

（1）坚持立德树人，大力培养知农爱农新型人才。各地各高校要贯彻落实习近平总书记关于教育"两个根本"的要求，把思想政治教育贯穿人才培养全过程，把为国家为人民服务的家国情怀教育融入人才培养各环节，培养担当民族复兴大任的时代新人。实施国家级、省级一流专业和一流课程"双万计划"，进一步优化调整学科专业结构，开发优质课程资源。要主动对接农业农村发展新要求，深入推进卓越农林人才教育培养计划2.0，进一步完善科教结合、产教融合等协同育人模式，加快培养创新型、复合应用型、实用技能型卓越农林人才。要加强农林实践教育，加快建设一批区域性共建共享农林实践教学基地，健全创新创业教育体系，让更多学生走进农村、走近农民、走向农业、走入生态建设第一线，为脱贫攻坚、乡村振兴和生态文明建设输送源源不断的青春力量。

（2）加快科技创新，为确保国家粮食安全作出贡献。各地各高校要深化科技体制改革，创新组织模式，加强协同创新，完善评价体系，加快提高我国科技自主创新能力。要充分发挥高校在农业农村发展中的科技创新策源地作用，积极应对新一轮科技革命和产业变革的时代浪潮，顺应一二三产业融合发展新趋势，推进实施高等学校乡村振兴科技创新行动计划，围绕农林领域建设一批重大科技基础设施、重点实验室和重点团队，在现代种业、智能装备、绿色发展等重点领域实现基础理论和关键核心技术的新突破，加快技术转移转化，提高粮食综合生产能力，保障国家粮食安全和农业可持续发展。

（3）加强生态文明教育，助力美丽中国建设。各地各高校要深入贯彻习近平生态文明思想，牢固树立和践行"绿水青山就是金山银山"理念，大力弘扬社会主义生态文明观，加快发展生态文明教育。要勇担生态文明建设重任，致力于推进山水林田湖草系统治理，构建与生态文明建设相适应的学科专业体系，打造高水平、多层次的生态文明人才培养体系，开展生态领域战略性、全局性、前瞻性问题的多学科交叉研究和联合攻关，积极推动高等教育成为绿色教育的提供者、绿色科技的推行者、绿色文化的引领者，助力建设天蓝地绿水清的美丽中国。

（4）深化教育改革，提升高等教育服务经济社会发展能力。各地各高校要瞄准产业发展和经济转型升级需要，坚持服务国家战略、地方需求，深化体制机制改革，自觉将学科专业发展的小逻辑服务于国家经济社会发展的大逻辑，更好地发挥高等教育对经济社会发展的支撑引领作用。各涉农高校要树立面向新农业、面向新乡村、面向新农民、面向新生态的发展理念，加快建设新农科，推动高等农林教育创新发展，提升服务农业农村现代化建设能力，提高亿万农民生活水平和思想道德素质，着力培养农业现代化的领跑者、乡村振兴的引领者、美丽中国的建设者，为更加有效保障粮食安全、更加有效服务乡村治理和乡村文化建设、更加有效保证人民群众营养健康、更加有效促进人与自然的和谐共生，为打赢脱贫攻坚战、推进乡村全面振兴不断作出新的更大的贡献。

（三）北大仓行动：八大行动

2019 年 9 月 19 日，全国 50 余所涉农高校的近 180 位党委书记、校长和专家代表齐聚黑龙江七星农场，共同提出深化高等农林教育改革行动实施方案，提出新农科建设"北大仓行动"，对新农科建设做出全面安排。

（1）新型人才培养行动。把思想政治教育贯穿人才培养全过程，切实发挥好思政课程和课程思政育人功能。通过提升学生的创新意识、创新能力和科研素养，探索农林教学与科研人才培养基地改革试点，着力培养一批创新型人才。通过提升学生综合实践能力，探索校企联合培养改革试点，着力培养一批复合型人才。通过提升学生生产技能和经营管理能力，探索面向基层订单定向培养改革试点，着力培养一批应用型人才。

（2）专业优化攻坚行动。研究制定《新农科人才培养引导性专业目录》，用生物技术、信息技术、工程技术等现代科学技术改造现有涉农专业，布局智能农业、农业大数据、休闲农业、森林康养、生态修复等新产业新业态急需的新专业，调整淘汰不能适应农林产业发展和社会需求变化的老旧专业，因地制宜培育农林特色优势专业集群，建设一批国家级一流涉农专业。

（3）课程改革创新行动。让课程理念新起来、教材精起来、课堂活起来、学生忙起来、管理严起来、效果实起来，提高农林课程的"两性一度"，建设一批农林类线上、线下、线上线下混合式、虚拟仿真实验教学、社会实践国家级一流课程，建立高等农林院校慕课联盟。

（4）实践基地建设行动。研究制订"农林实践教育基地建设指南"，建设一批农林类区域性共建共享实践教学基地、校内实践教学示范基地，建立农林创新创业导师人才库。

（5）优质师资培育行动。推进实现基层教学组织全覆盖、青年教师上岗培训全覆盖、职业培训和终身学习全覆盖，建设一批国家级农林教师教学发展示范中心、教师实践能力培训基地。

（6）协同育人强化行动。实施农科教协同育人工程，推动科教协同、产教融合，支持涉农高校与本省农（林）科院战略合作建设一批"一省一校一所"教育合作育人示范基地，与涉农企业产学研合作建设一批产教融合示范基地，与现代农业产业技术体系综合试验站合作建设一批科教合作人才培养基地。

（7）质量标准提升行动。构建高等农林专业认证制度，推进三级专业认证，建立以高校内部质量保障为基础、多部门共同参与的新农科质量保障体系，探索开展全程质量监控，形成自觉、自省、自律、自查、自纠的农林教育质量文化。

（8）开放合作深化行动。基于人才培养国际化需要，拓展国际合作交流渠道，办好中外教育合作项目，推进校际学分互换互认、学位互授联授，培养国际型的高端人才；基于国家对外开放战略需要，加强与国际科教组织合作，选派农林师生到国际组织任职实习，建设国际农业教育研究中心和国际农业联合实验室，积极参与国际农业标准规范研制，为农业

"走出去"提供人才与科技支撑。

（四）"北京指南"：从"试验田"走向"大田耕作"

2019年12月5日，新农科建设北京指南工作研讨会在京举行。会议研究了新农科建设发展举措，提出了新农科改革实践方案，推出了新农科建设"北京指南"。来自全国55所涉农高校的150余位党委书记、校长和专家代表参加会议。

（1）层层递进，环环相扣：新农科建设奏响"三部曲"。2019年新农科建设已奏响"三部曲"，"安吉共识"从宏观层面提出了要面向新农业、新乡村、新农民、新生态发展新农科的"四个面向"新理念；"北大仓行动"从中观层面推出了深化高等农林教育改革的"八大行动"新举措；"北京指南"从微观层面实施新农科研究与改革实践的"百校千项"新项目。教育部高等教育司司长吴岩在会议中说，"北京指南"旨在启动新农科研究与改革实践项目，以项目促建设、以建设增投入、以投入提质量，让新农科在全国高校全面落地生根。项目在理念上对接高等教育改革主旋律，对接卓越农林人才教育培养计划2.0，对接"安吉共识"和"北大仓行动"；在内容上，形成"1+4"结构，即1个理论基础研究版块和4个人才培养要素改革版块，覆盖人才培养各环节；在质量上，突出创新导向、特色导向和实践导向，着眼解决长期制约高等农林教育发展的重点难点问题，探索面向未来高等农林教育改革的新路径新范式，注重分类发展、特色发展、内涵发展，重在实践，推动"真刀真枪"、实实在在的改革。

（2）推动新农科建设：一年成型、三年成势、十年结硕果。新农科研究与改革实践项目的实施目标、路径和具体举措进行了详细讲解和全面部署。他强调，"北京指南"标志着新农科建设的全面展开，要实现校院齐动、师生互动、校企联动、部门协动，让农林教育热起来、让农林高校强起来，让高等农林教育成为"显学"，推动新农科建设一年成型——发生农林高校基本面的改变，三年成势——产生农林教育基本格局的变革，十年结硕果——形成农林教育的中国方案、中国理论、中国范式。"北京指南"共涵盖5大改革领域、29个选题方向，对全面建设发展新农科、全面深化高等农林教育改革作出了全局性、系统性、前瞻性的回应，内容丰富，举措新实，其中提出要探索创建面向新农业的现代农业产业学院、面向新乡村的乡村振兴研究院、面向新农民的农民发展学院、面向新生态的生态文明建设学院，制定新农科人才培养引导性专业目录，建设一省一校一所卓越农林人才教育合作育人基地、区域性共建共享实践教学基地等一系列即将在高校落地的改革举措，让农林教育"面貌一新"，将逐步推动中国高等农林教育发生格局性意义的变革。

二、"北京指南"的主要内容

为深入贯彻落实习近平总书记给全国涉农高校书记校长和专家代表重要回信精神，以立德树人为根本、以强农兴农为己任，优化涉农专业结构，深化高等农林教育教学改革，全面推动新农科建设，加快培养知农爱农新型人才，教育部决定开展新农科研究与改革实践项目，即"北京指南"的具体内涵。

（一）新农科建设发展理念研究与实践

（1）新农科建设改革与发展研究。分析比较国内外高等农林教育改革与发展历程，研究国内外高等农林教育发展与经济社会发展、科技革命和产业变革、农业农村现代化建设间的互动规律，探寻高等农林教育未来发展趋势等，为新农科建设提供理论支持与经验借鉴。

（2）新农科建设政策与支撑体系研究。强化创新导向，研究推动新农科建设体制机制改革，提出适应新农科建设发展需要的经费投入、基地建设、评价激励、招生培养就业等相关政策与支撑体系，从宏观、中观和微观三个层面提出解决制约新农科建设发展瓶颈的可行性方案，为新农科建设发展提供强有力的政策保障。

（3）基于四个面向的知农爱农新型人才需求研究。面向新农业、新乡村、新农民和新生态，立足知农爱农新型人才培养，围绕服务农业农村现代化、国家粮食安全、乡村全面振兴、山水林田湖草系统治理等方面开展新农科人才需求分析，研究提出专业人才需求预测预警机制，为新农科专业结构优化调整提供依据。

（4）新型农林人才核心能力体系研究。基于新一轮科技革命、产业变革和现代农业发展趋势，以适应和引领农业农村现代化建设为目标，以岗位胜任力为导向，探讨新型农林人才必须具备的知识能力素质，提出新农科人才核心能力框架，明确各专业类人才的核心能力架构，为新农科人才培养方案制定提供依据。

（5）基于四个面向的教学组织体系重构研究与实践。面向新农业、新乡村、新农民和新生态，创新校院两级教学组织管理机制，探索跨学院、跨学科、跨专业培养和大类人才培养的组织架构；优化学院组织模式，探索面向农林产业的新兴产业化学院的建设路径；围绕人才培养模式改革，加强系、教研室、课程模块教学团队、课程组等基层教学组织建设及制度建设，激发基层教学组织活力。

（6）新农科建设绩效评价研究。跟踪分析高校新农科建设总体进展、典型做法和实施成效，研究新农科建设绩效评价目标、原则、指标等方面，提出新农科建设绩效评价体系；调研分析高校新农科建设的实施情况，总结相关经验和实践案例，分析存在问题，提出对策建议，为新农科建设提供分类精确指导。

（二）专业优化改革攻坚实践

（1）新农科人才培养引导性专业目录研制。以适应新一轮科技革命和产业变革为改革出发点，以引领新兴农林产业发展为改革导向，研究制定满足新产业新业态、国家重大战略和经济社会发展对农林人才新需求的引导性专业目录，为新农科专业设置提供引导和参考。

（2）新兴涉农专业建设探索与实践。鼓励高校依据引导性目录开展新兴涉农专业的改革实践，探索建设面向智能农业、农业大数据、休闲农业、森林康养、生态修复、生物安全、乡村治理等农林产业发展前沿的新兴涉农专业，为新农科专业建设、人才培养方案制定提供依据。

（3）传统涉农专业改造提升改革与实践。瞄准农林产业发展方向、主动适应农林产业结构重大调整，用现代生物技术、信息技术、工程技术改造提升传统涉农专业，更新专业知识体系和能力要求，探索传统涉农专业改造升级的实施路径。

（4）面向新农科的农林类专业三级认证体系构建。坚持学生中心、产出导向、持续改进理念，在国家三级专业认证的框架下，按照"一级保合格、二级上水平、三级追卓越"的要求，调研利益攸关方，制定农林类专业三级认证指南，构建基于专业办学基本状态监测的第一级认证、基于专业教学质量提升的第二级认证、基于专业教学质量卓越的第三级认证的标准体系，健全完善认证办法和程序，推动高校合理定位、规范办学、特色发展、追求卓越。

（5）农林类一流专业建设标准研制。对标卓越农林人才教育培养计划

2.0和一流专业"双万计划"，研究各专业类培养目标、核心课程、主要实践环节、毕业生知识能力素质要求等，制订农林类一流专业建设标准，探索一流专业建设评价、验收机制，指导一流专业建设。

（三）新型农林人才培养改革实践

（1）农林人才思政教育与"大国三农"教育实践。落实立德树人根本任务，用习近平新时代中国特色社会主义思想在农林教育中铸魂育人，加快完善高校思想政治工作体系，推动形成"三全育人"格局；深入挖掘各类课程和教学方式中蕴含的思想政治教育资源，探索实践农林教育与思想政治教育深度融合的模式与路径；以强农兴农为己任，开发建设"大国三农"通识教育系列课程，增进学生了解国情、农情，培养学生家国情怀，增强学生服务"三农"和农业农村现代化的使命感和责任感，培育学生爱农知农为农素养。

（2）新农科多样化人才培养模式创新实践。对接现代农林业创新发展新要求，对接一二三产业融合发展新要求，对接现代职业农民发展新要求，立足学校办学定位，依托特色优势学科，探索创新型、复合型、应用型农林人才培养新模式；探索基于全产业链的农林人才培养新机制，推进适应三类型人才培养的课程体系、知识体系建设，开展多样化培养模式改革实践。

（3）多学科交叉融合的农林人才培养模式机制创新实践。打破固有学科边界，形成跨学科跨院系跨专业人才培养模式机制，探索多学科交叉融合农林人才培养的院系组织模式，建设跨学科跨专业教学团队和科教实践项目平台，研究制定多学科交叉的综合能力达成的评价标准和考核办法。

（4）新农科课程体系与教材建设。依据新农科人才培养要求，整体设计、整合优化面向新农科的课程与教材体系，完善具有农林特色的通识课程体系，注重多学科交叉融合的专业课程体系建设，建设开发新形态教材，着力打造农林教育"金课"，提升课程高阶性、突出课程创新性、增加课程挑战度，培养学生解决农林业复杂问题的综合能力。

（5）信息技术与教育教学深度融合实践。推进信息技术与教育教学深度融合，促进教学模式、教学方法、学习方式变革。围绕在线开放课程与混合式教学，从"教"与"学"入手，探索智慧环境下课堂教学与实践教学组织模式改革，创新课内课外师生互动机制，探索虚拟仿真等信息技术的深度应用，实现优质教学资源的开放共享。

（6）面向基层的新型农林人才培养实践。对接基层农林人才需求，培养学生服务基层的工作能力，探索实践面向基层就业的机制政策，鼓励建设农村干部学院、农民发展学院、现代青年农场主培养基地等，开展订单定向培养，健全完善新型职业农民培养培训体系，为基层培养输送"下得去、用得上、留得住"的高素质农林人才。

（7）面向新农科的实践教育体系构建。比较研究国内外农林实践教育教学体系，调研分析农科学生实践能力培养现状与问题，构建面向新农科的实践教育教学体系，研究提出农林实践教学基地建设标准，建设功能集约、开放充分、协同联动的校内外实践教学平台，探索强化实习实践管理、提高实践教学比重的机制，提升学生综合实践能力。

（8）农林创新创业教育与实践。面向新农业、新乡村、新农民、新生态，完善农林创新创业教育体系，推进创新创业教育与通识教育、专业教育深度融合，开发农林特色创新创业教育课程，推进分类培养和特色化培养模式改革；探索跨学科跨专业校企合作的培养机制，建设产教融合创新创业教育实践基地，建设专兼职创新创业师资队伍，探索完善创新创业能力导向的激励制度，促进学生创新创业能力和综合素养提升。

（9）农林类一流课程建设标准研究。坚持学生中心、产出导向、持续改进的理念，研究农林类一流课程的教学目标、教学设计、教学团队、教学内容、管理评价等核心要素，紧扣课程高阶性、创新性和挑战度，体现多学科思维融合、农林产业技术与学科理论融合、跨专业能力融合、多学科项目实践融合，分类建设线上、线下、线上线下混合式、虚拟仿真实验教学、社会实践五类"金课"标准。

（四）协同育人机制创新实践

（1）校企合作产教融合协同育人实践。调研分析产教融合协同育人现状与问题，结合国家战略和农林产业发展新需求，创新产教融合协同育人机制，推进新农科人才培养链与产业链相对接，建立农林高校教师与企业人员双向挂职办法，探索高校与农林企业合作育人新模式，建设农林产教融合人才培养基地，推动校企合作办学、合作育人、合作就业、合作发展。

（2）一省一校一所科教协同育人探索与实践。调研分析科教协同育人现状与问题，创新科教协同育人理念，研究农林高校与科研院所协同育人体制机制，探索一省一所农林高校与本省农（林）科院开展战略合作新模式，建设卓越农林人才教育合作育人基地；创新农林高校与现代农业产业技术体系综合试验站等平台合作育人方式，建设农科教合作人才培养基地，推动育人要素与创新资源共享互动。

（3）校校协同育人改革与实践。调研分析校校协同育人优质教育资源共享现状与问题，探索校校合作协同育人新模式，创建校际学分互换互认等新机制，创新优质课程、实践平台、教学资源共建共享的运行管理体制机制，建设区域性共建共享实践教学基地。

（4）服务乡村振兴战略模式研究与实践。调研分析高校服务乡村振兴的现状与问题，加强乡村振兴战略研究智库和乡村振兴研究院建设，围绕乡村产业振兴、人才振兴、文化振兴、生态振兴和组织振兴中的重大理论和实践问题，创新校地协同育人、科技成果协同推广、农业科技园区共建等服务乡村振兴体制机制。

（5）高等农林教育国际化研究与实践。基于人才培养国际化需要，扩大与世界高水平大学及科研机构开展农林人才联合培养新途径，建立农林学生海外访学机制；基于服务国家对外开放战略需要，加强与国际教育科技文化等组织合作，探索实践现代农业援外培训途径，推动"一带一路"沿线国家和地区大学之间的全面合作，为我国"农业走出去"提供全方位人才与科技支撑，为全球可持续发展贡献中国智慧、提供中国方案。

（五）质量文化建设综合改革实践

（1）以质量提升为核心的管理体制机制建设。开展富有农林院校特色、体现"以本为本"和"四个回归"的管理体制机制研究，建立以提升教育质量为核心、以激励教师投入人才培养为重点的管理制度体系，积极推进学分制、弹性学制，探索书院制等改革，全面提高农林人才培养能力。

（2）高校内部教育质量保障体系建设。研究面向培养目标达成的定量和定性评价方法，建立校院两级质量保障机制，完善教学环节质量标准、教学反馈和评估机制，健全内部评价与外部评价相结合的评价体系，构建教师教学、学生学业、质量监测"三位一体"的质量保障体系，形成自觉、自省、自律、自查、自纠的农林教育质量文化。

（3）教师评价激励机制改革。研究制定强化师德师风、育人能力和教学业绩的考核办法，推动完善分类管理、分类评价相结合的教师考核评价制度改革，完善教师投入教学的激励制度，健全教师教学荣誉体系，构建符合农林教育特点的教师评价激励制度体系。

（4）教师教学发展示范中心建设。分析农林教师教学发展需求，调研教师教学发展中心建设现状与问题，完善农林教师教学发展机制，研究制定农林教师教学发展中心建设规范与评价机制，加强教师教学发展中心建设，推进教师培训、教学咨询、教师职业规划等工作常态化、制度化，促进教师教学与职业的协同发展。

三、新农科建设探索实践

（一）"百校千项"新农科研究与改革实践项目

为深入贯彻落实习近平总书记给全国涉农高校书记校长和专家代表重要回信精神，以新农科建设为统领，推进高等农林教育创新发展，根据《教育部办公厅关于推荐新农科研究与改革实践项目的通知》（教高厅函〔2020〕1号），在各地各高校择优推荐的基础上，经线上审核、会议审核及网络公示，教育部决定认定407个新农科研究与改革实践项目，其中，新农科建设发展理念研究与实践项目17项、专业优化改革攻坚实践项目60项、新型农林人才培养改革实践项目189项、协同育人机制创新实践项目112项、质量文化建设综合改革实践项目11项、新农科研究与改革实践委托项目18项。教育部要求：项目承担单位和项目团队要以习近平总书记重要回信精神为指引，把新农科建设作为深化改革的发力点和突破口，革新理念、狠抓落实、强化保障，确保项目落地见效。

（1）以新理念引领创新发展。要坚持面向新农业、面向新乡村、面向新农民、面向新生态建设发展新农科，把"以本为本""四个回归"落实到新农科建设中，立足学校发展定位、特色优势和实际情况，结合服务国家重大战略、地方经济社会和行业产业发展的需求，改造提升现有涉农专业，布局新建新兴涉农专业，调整优化专业结构，探索建立新农科建设的新范式、新标准、新技术、新方法，推动高等农林教育创新发展。

（2）以新目标驱动项目实施。要坚持扎根中国大地掀起高等农林教育的质量革命，推进科教融合、产教融合和农科教结合，加强政策支持和条件保障，有步骤、有计划地推进项目实施，开创农林教育新格局。综合性高校要发挥学科综合优势支撑涉农专业发展，农林高校要立足特色优势推进多科性协调协同发展。我部将加大项目实施过程的管理、指导和检查，对推进不力的项目予以提醒或撤项，鼓励部属高校统筹使用中央高校教育教学改革专项经费支持项目实施，鼓励各地教育行政部门认定省级新农科研究与改革实践项目并提供经费支持。

（3）以新成果深化改革实践。要注重项目成果产出，发挥新农科建设工作组、农林专业类教指委的作用，组织项目开展交流研讨、成果展示，及时把研究与改革实践成果转化为推动高校新农科建设的政策办法。我部将适时总结推广各地各高校新农科研究与改革实践的优秀经验和典型做法，为深化农林教育改革提供借鉴。

（二）"百校千项"的湖南农业大学项目

（1）传统植物生产类专业改造提升改革与实践

拟解决的问题："安吉共识"提出，高等农林教育要面向新农业、面向新乡村、面向新农民、面向新生态（简称四新），开改革发展新路，育卓越农林新才，树农林教育新标，服务中国农业农村现代化和中华民族伟大复兴事业，为世界提供中国方案。为此，传统植物生产类专业需要改造升级，以解决如下问题：①传统教学内容与现代农业产业发展需求的矛盾：现存植物生产类专业是按传统农业生产细分设置，其教学内容改革至今，但仍不能适应现代农业的规模化、企业化、信息智能化、机械化和多功能化（简称五化）的发展需要。为此，必须推动专业内涵和课程内容升级换代，将现代生物生态、信息智能、机械工程技术和现代农业产业经营管理知识以及生态文明的新观念融入教学体系和课程教学实践之中。②传统教育同质化模式与学生个性化发展的矛盾：每个专业传统的人才培养方案中对所有的学生实施的是统一教育教学规范，而每个学生作为独立个体，其潜在能力、发展目标和就业意向各不相同。为此，必须要求在促进学生全面发展的基础上，推进学生的专业、学业与职业"三业"培养的有效对接，因材施教。③传统教学理念方法与新农科人才培养需求的矛盾：传统的人才培养注重知识与技术的传授，而新农科人才培养不仅传授知识与实操，更强调培养能力与素质。为此，必须更新教育教学理念与方法，将新的教育技术（尤其是互联网＋）、教学内容和教学方法深度融合，开展线上线下混合式教学、讨论式教学，在教学活动中实现知识技能传授和思维能力培养有机统一。

研究目标：根据新农科对本科人才培养的知识和能力要求，采用"平台＋模块"的方式，改造专业人才培养体系；立足"四新""五化"需求和集成现代生物、信息、工程技术，提升专业特色优势；在"理论与实操"和"线上与线下"融合中，更新教育教学方式方法；通过4年的改革与实践，研制出具有新农科一流专业水准的新型植物生产类农学、园艺、茶学和种子科学与工程等专业的人才培养方案。

研究与改革的主要思路：以习近平教育思想为指导，围绕我国新农业、新乡村、新农民、新生态发展需求，在卓越农业人才培养改革实践成果的基础上，重塑学生为本，立德为先，能力为重，全面发展的教育教学理念；采用"平台叠平台＋模块嵌模块"的方式，改造原有专业人才培养体系；从适应"四新""五化"需求的维度，拓展类别专业新内涵；集成现代生物生态、信息智能、机械工程技术和现代农业产业经营管理知识以及生态文明观念，重构专业课程教学内容；充分利用"互联网＋"，创新"理论与实操""线上与线下""引导与自主"交互式教学方法；通过4年的改革与实践，研制出具有新农科一流专业水准的新型植物生产类农学、园艺、茶学和种子科学与工程等专业的人才培养方案。

具体措施：①重新定位人才培养目标：在面向"四新"（新农业、新乡村、新农民和新生态），适应"五化"（规模化、企业化、信息智能化、机械化和多功能化）的基础上，将本科专业人才培养目标重新定位。②改造原有专业人才培养体系：在集知识、技术、能力、素质于一体，突出新农科通识教育的基础上，按照高等农业教育规律，分别搭建植物生产类专业共享通识教育平台和相关专业特色培养平台。③拓展植物生产类专业内涵：跳出植物大田生产禁锢，立足全产业链的高度，按照基本满足"四新""五化"需求应有的知识结构、技术结构、能力结构和素质结构，拓展专业培养要求、专业主干学科、专业主要课程、专业实训环节，以及毕业生就业、创业与深造的领域。④重构课程体系：通识课程方面，削减《大学英语》学分和课时，增开新农科通识课程，专业基础课通过优化增加现代农业生物技术、农用信息智能技术、农业装备技术和现代农业产业经营管理等课程。在实践教学环节方面，本科阶段实施四年不断线的实践教学体系改革。⑤优化专业课程教学内容：着力打造专业教育"金课"，提升专业课程高阶性、突出专业课程创新性、增加专业课程挑战度，以培养学生解决专业复杂问题的综合能力。⑥创新课堂教学方法：逐步实现所有课程都采用MOOC（在线开放课程）＋课堂、或MOOC（在线开放课程）＋现场的交互式、讨论式教学方法。其中，陈述性知识和技术内容由MOOC（在线开放课程）在线上完成，而分析性、启发性内容由课堂或现场在线下完成。但无论是线上或线下，在教学过程中都要突出"三结合"，即：课程教学与课程思政结合，理论教学与实操训练结合，教师引导与学生自主结合。⑦建立健全协同培养体制机制：构建与科研机构、现代农业企业的协同培养长效机制，激发科研机构、企业参与协同育人的积极性和主动性；建立学生参与科研院所和企业的实践活动与选修课学分互换制度，鼓励学生积极参加科研产业实践，实施校企、校所、创新创业教育与专业教育的融合。⑧积极推进国际联合培养：基于国家对外开放战略需求，主动与国际教育、科技、文化等合作，不仅探索实践专业援外培训途径，更重要的是在巩固现有国际合作关系的基础上，与国外高等农林大学开展学生专业游学计划、本科交换生计划和研究生联合培养计划。⑨做实一流专业认证工作：按照专业认证的核心理念和质量标准，做到早谋划、早准备、早安排，切实加强专业建设，稳步推进国家级一流专业建设。

（2）农业高校思政教育与"大国三农"教育实践

拟解决的问题和目标：一是农业高校"三全育人"体系化、科学化、长效化不够。党委领导下的全员参与育人、全过程贯穿育人、全方位实施育人的一体化思政工作格局尚未完全形成，思政工作质量保障、激励约束、培养培训、考核评价等机制不够科学，"十大育人体系"功能可持续发挥的长效机制也尚未建立起来。二是农业高校育人课程整体性、高阶性、协同性不强。围绕培养"知农爱农"高素质人才这一办学目标对课程进行整体设计做得不够，课程内容还不能满足培养学生解决复杂问题的综合能力和高级思维的需要，专业课程、思政课程、通识课程同向同行、同频共振的效应不明显。三是农业高校育人主体亲和力、感召力、转化力不足。部分育人主体尚未真正做到以德立身、以德立学、以德施教，不能创造性地运用具有感染力的教育技能和技巧，结合"知农爱农"人才培养要求对思政教育资源进行挖掘、提炼和转化的能力也有待提高。四是农业高校育人平台融合度、丰富度、承载度不高。各种育人平台单兵作战的现象较为普遍，未能产生融合协同效应，平台活动内容、方式不丰富，承载的思政教育功能比较单一。拟达成的目标：以党委领导下的一体化农业高校思政工作格局构建为统领，以一体化课程生态体系和特色项目体系建设为主要内容，以一体化育人队伍、平台、机制建设为抓手，探索实施"1＋2＋3"农业高校思政教育新模式，开改革发展新路，育卓越农业新才，为高等农业教育提供可复制、可推广的范本，服务中国农业农村现代化和中华民族伟大复兴事业。

改革思路：本项目以新农科建设安吉共识、北大仓行动、北京指南为基本遵循，以培养农业现代化的领跑者、乡村振兴的引领者、美丽中国的建设者为目标，坚持系统规划、一体化推进，探索实践"1＋2＋3"农业高校思政教育的新模式、新路径和新机制。"1"指构建1个格局，即"力量整合、过程贯通、场域协同"的"三全育人"工作格局；"2"指两大体系，即课程生态体系和特色项目体系；"3"指三个抓手，即队伍、平台、机制三个抓手。

（3）农科类专业科教协同育人探索与实践

拟解决的问题：①农业高校育人资源的局限性问题。新农科背景下，农业产业发展已由传统单一的产业形态向一二三产融合的现代农业产业形态转变，现代农业产业发展对农科专业人才培养提出了更多更高的要求。在教学内容上要求将现代生物技术、信息智能技术、工程技术、现代农业企业经营管理知识以及生态文明的观念融入教学体系和课程教学实践之中，拓宽学生知识面；在学生能力培养上要求从过去偏重专一知识技能培养转变为综合能力的培养，着力培养学生发现问题、分析问题和解决问题的综合能力。这种新的要求对农业高校的育人资源提出了挑战，加强校所全方位育人合作，多维利用科研院所丰富的人才资源、科技创新资源等，是有效解决农业高校"双师型"教师缺乏、学生实践平台基地资源相对紧张等局限性的重要途径。②科研院所的协同需求问题。农业高校与科研院所虽然在人才培养方面有合作，但这种合作目前主要局限在利用科研院所在实训场所和设备等层面，重点着眼于解决农业高校学生实习和实践需求，而对科研院所通过协同育人促进自身发展的需求（如对人才的需求、合理的经济利益等）关注不够，实施落实不够，科研院所参与协同育人的内在动力不足。因此，要提高科研院所参与协同育人的主动性和积极性，必须高度重视科研院所在协同育人中的关切和需求，寻求双方共同需求点和利益交汇点，实现农业高校与科研院所在协同育人中的"互利双赢"。③育人要素与创新资源的共享互动机制问题。现行农业高校与科研院所育人要素与创新资源的共享互动机制还存在一些问题，难以保障双方深度协同。主要有：科研院所的科研人员进入高校开展人才培养的保障机制不健全，现有双方科研项目、创新平台基地等资源多维利用机制不成熟，双方新建合作育人平台基地的共建共享机制有待完善，双方科研成果资源转化教育教学资源机制几乎空白等。因此，双方在人才培养上要真正实现深度协同，必须解决好双方育人要素与创新资源的共享互动机制问题，构建起一套高效协同育人的制度体系，探索形成农科教协同育人新模式，提升人才培养质量。

研究目标：研究创建校所"互利双赢"的科教协同育人长效机制，建设一批高水平、高显示度的农科教合作育人示范基地，探索形成农科教合作育人的多样化人才培养新模式，实现新农科背景下农科类专业人才培养质量的全面提升。

改革思路：瞄准新农科背景下，现代农业产业和经济社会发展对农科类专业人才的多样化需求，立足校所协同育人的内在需求，以协同育人提升人才培养质量为宗旨，将协同育人理念融入人才培养全过程；以整合资源、共建人才培养基地、修订人才培养方案为切入点，大力开展校所协同育人机制、协同育人能力、协同育人模式的研究与改革实践，构建起校所"互利双赢"的科教协同育人长效机制，探索形成一省一校一所农科教合作育人的多样化人才培养新模式，为新农科背景下高校农科专业人才培养改革提供可借鉴的经验与模式。

具体措施：①加强顶层设计，制定项目建设实施方案。组织双方相关专家，开展调研，分析产业发展对人才的知识结构与能力需求、双方合作育人需求、双方育人资源现状与共享机制建设需求等，形成专题调研报告；以此为基础，制订出详细的项目建设实施方案，为项目实施提供有力支撑。②落实项目实施具体任务。第一，完善创新双方科教协同育人资源的融合共享机制。一是进一步完善双方在专业实验室、科研平台、综合试验站、科学观测实验站及成果转化基地等创新平台资源的整合与共享机制，实现双方创新平台资源全面向本科生开放机制，从而充分发挥创新平台资源的协同育人属性，使之成为能够承接科教协同育人能力的优势资源。二是根据双方科技创新与人才培养需求，充分依托国家、省协同创新中心建设资源，加强与相关地方政府、企业等联合，建设一批集协同创新、成果示范、人才协同培养等多功能于一体的综合性平台，使之成为政产学研融合、农科教紧密协同的高水平、高显示度育人示范基地。三是在现有校外兼职导师聘任制度基础上，进一步探索建立农科院具有副高职称以上或获得博士学位的创新研究人员兼任学校教师的机制，确保其参与人才协同培养的各环节，并建立相应的利益保障机制。四是建立双方科技成果资源转化教学资源的机制，将有关科技创新成果固化到课程体系和课程教学内容，促使科技成果资源更好地为本科专业人才培养服务。第二，制（修）订人才培养方案。一是紧紧围绕确定的人才培养目标，根据双方协同育人的共同需求，有针对性制（修）订专业人才培养方案。重点围绕培养学生科学研究和实践创新能力，优化课程设置及学时、学分配置，适当压缩传统理论课程教学内容及学时、学分，加重创新创业能力和实践技能课程学习的比重，建立学生参与科研院所的科研创新和社会服务的实践活动与选修课学分互换制度，让学生自主融入协同育人的各个培养环节。二是改革教学内容与教学方法。在教学内容上，突出基础理论技术和学科前沿、产业发展的融合，激发学生创新创业的积极性。在教学方法上，借助农科院的优势创新资源，促使学生深度参与科学研究与产业社会服务，突出案例式教学，以科研案例和产业案例提高学生分析问题和解决问题的能力。第三，建立双方协同育人的保障机制。一是高度关注农科院在协同育人中的关切和需求，找出双方共同需求点和共同利益交汇点，以此为基础，双方签订协同育人合作协议，明确双方责权利。二是创建双方人员参与协同育人工作的遴选及考评制度，根据其工作优劣，并实施动态调整。三是创建适应于科教协同育人的教学质量考核评估体系，突出以拓展学生知识视野、提升学生综合素质和综合能力为核心的考评导向。四是建立协同育人激励制度。将协同育人绩效纳入双方绩效考核制度，对参与协同育人工作取得突出成绩的双方人员，学校实行奖励制度，调动双方人员参与协同育人的积极性和主动性。第四，探索形成农科教协同的人才培养新模式。在项目推进安排上，先试点探索，后推广应用。学校先选择农学、茶学、园艺、动物科学等 4 个农科类本科专业进行试点探索，取得成功经验后，然后在全校推广。在具体实施方式上，实行边研究、边实践、边总结、边提升，总结提炼出典型案例，探索形成可借鉴、可推广的农科教协同的人才培养新模式。③加强对项目实施工作的组织与管理。一是成立湖南农业大学校长任组长，湖南农业大学副校长、湖南农业科学院副院长任副组长的项目实施工作领导小组，负责加强对项目实施工作的组织协调和督查，并为项目实施提供政策支持。二是推行责任定位，明确任务分工，对参与项目实施人员实行"定任务、定内容、定目标、定预期效果"的四定责任制，增强项目人员的责任感。三是建立激励机制，根据项目任务完成情况，实行奖优罚劣，充分调动各方面的积极性。

（4）新农科养殖类专业的课程体系及核心课程建设研究与实践

拟解决的关键问题：①课程体系及培养目标与现代养殖业对人才"全人＋特质"要求契合不够。现有课程体系是按照社会职业分工对专业人才知识结构的要求来构建的一个职业化的知识体系，忽视了对知识应用、创新能力和综合素质的培育，缺少了对养殖类人才"三农"情怀的特质培养和价值引领，不利于学生对农科专业的自我认同和使命感等格局意识的形成。与学校养殖类专业卓越复合型人才培养目标定位也吻合不够。②通识课程体系不完善，尤其是具有新农科特质的通识课程基本缺失。目前养殖类专业理智训练、文化素质提升和人格素养健全的通识课程体系薄弱，尤其是新农科特质的通识课程基本缺失，导致了学生知识结构偏颇，专业思维狭窄，通用技能贫乏，文化素养欠缺，难以实现自我提升与发展。③专业课程建设封闭，教学内容与现代养殖业转型升级的需求脱节。一是产教融合不够，课程建设与现代养殖业规模化、生态化、智能化、标准化发展的现状与趋势对接不够，致使教学内容陈旧落后；二是学科交叉渗透不够，课程建设跨院系、跨学科、跨专业协同建设机制不畅，与信息、生物、工程技术的交叉融合度低，全产业链的知识、技术体系融通与拓展不够。三是课程设置碎片化，课程间的衔接不够，教学内容重复、脱节、缺失现象普遍存在。④"金课"与新形态教材开发滞后，满足不了新农科教育教学的新要求。目前养殖类专业"金课"打造乏力，知识传授方式与教材形式单一，欠缺与数字媒介和互联网技术的有机结合，难以实现教学内容及时更新，满足不了现在学习的要求，教学效果不理想。

研究目标：①构建出集知识、能力、素质和新农科特质培养于一体的动物科学、动物医学和水产养殖学专业的通识课程和专业课程体系。②创建企业深度参与、多学科协同的课程统整建设与动态调整机制，实现课程体系与产业发展对接、多学科交叉融合、相关课程内容有机衔接。③开发出3~4门具有新农科特质的通识课程、5~6门核心专业课程的"金课"、5~6套新形态教材。

改革思路：项目研究以新时代新农科建设已形成的共识为指导，以全人教育理念、OBE（成果导向教育）理念和学科互涉理论、课程开发泰勒模式为理论基础，着眼于现代养殖业发展对新农科人才的需求，以培养"一懂两爱"、具备全产业链视野和学科互涉能力的高素质复合型人才为目标，以养殖类专业课程体系、核心课程及教材建设中存在的主要共性问题为导向，按照"反向设计，正向实施"设计思路，系统构建对接产业发展、具有跨学科特色、赋予新农科特质的动物科学、动物医学、水产养殖学这3个养殖类专业的课程体系，并创建课程设计、实施、评价三个维度企业深度参与、多学科协同的"课程统整建设与动态调整"机制，着力打造系列核心课程、特色课程的"金课"与新形态教材。

具体措施：构建"一个目标、一个体系、五个模块、三个机制、二个精品、四方保障"的措施体系，有效有序推进项目研究与实施。①明确一个目标：深入调研，明确人才培养目标定位，精准细化培养要求。以湖南养殖业和养殖业龙头企业为重点，通过实践专家访谈和典型工作任务分析，揭示现代养殖业背景下动物科学、动物医学和水产养殖学专业卓越复合型人才的知识、能力和素质结构，基于农业高校相应专业人才培养现状的调查分析，剖析目前人才培养的优势与薄弱环节，确定新的人才培养目标，明晰新的培养要求。②梳理一个体系：通过解构之后的重构，梳理知识、能力、素质系统培养体系。根据培养目标和知识、能力、素质培养要求，谋求学生、社会与学科的三者平衡和有机关联，梳理课程分工，优化课程边界，形成培养要求与课程体系映射课程矩阵，仔细把握课程设置目的与课程内容的深度与广度、各课程间内容的关联性和衔接性。③构建五个模块：针对卓越复合型人才的培养要求，修订人才培养方案，搭建"学科专业基础课模块、学科交叉核心课程模块、专业通识课程模块、实践教学课程模块、学科产业动态前沿模块"五个课程模块，构建对接产业发展、具有跨学科特色、具有通识教育功能的纵向拓展横向融合的养殖类专业课程体系。学科专业基础课程模块突出"厚基础，宽口径"，优化设置内容，夯实基础知识，注重专业基础课与专业核心课的有效衔接。学科交叉核心课程模块是校本特色课程模块，主要以学科交叉融合课程为主，不同专业有不同融合学科侧重（动物科学＋信息技术；动物医学＋生物科学；水产养殖＋工程技术）。专业通识课程模块结合时代精神，围绕养殖业与人类健康、养殖文化等打造与全校性通识教育相配套的、具有专业特色的通识课程，提升学生专业价值认同、职业道德、人文素养。实践教学课程模块着重在于实验课程与内容的整合、更新，实习环节的优化、完善，推动实践教学体系化、综合化，切实提高学生解决问题的能力和创新能力。学科产业动态前沿模块主要开设反映学科前沿、产业动态的专题课程，拓展学生的视野。④建立三个机制：创建课程设计、实施、评价三个维度企业深度参与、多学科协同、对接产业发展并可适时更新的"课程统整建设与动态调整机制"，包括跨学科协作机制、产教融合协同育人机制。以课程或课程群建设为纽带，开展跨学科、跨专业教师联动协作，组建综合性的教学团队进行课程建设、运行、更新与评价，推动教师与产业专家、学校与企业有机合作，促进课程建设与产业发展的良性互动与深度融合，保证和提升人才培养质量。⑤打造二个精品：开展特色通识课程和专业核心课程的"金课"与新形态教材建设。遴选重点课程，打造精品优质课程、高品质新形态教材，以点带面展开教学方法改革，提升课程教学效果。⑥加强四方保障：推进学校相关改革，完善"制度保障、技术保障、组织保障、条件保障"四方保障系统。实现管理制度完善、技术平台升级、教学团队优化，加强经费、设备、环境等条件支持，确保本项目的研究与改革能顺利推进和成功实施。

（三）湖南农业大学的自设项目

（1）智慧农业专业建设探索与实践

拟解决的关键问题：①解决学校推进"新农科"建设有想法而无引领专业的问题。"新农科"建设的核心是要有新的专业建设理念，在继承专业优势的基础上，打造新专业，以培养适应科学技术飞速发展、新技术新思想日新月异的新型农科人才。开展智慧农业专业建设探索与实践，形成智慧农业专业建设理念，明确人才培养目标和培养方案，推进师资队伍、实验实习条件、科技创新能力建设，推进学科融合发展，解决学校推进"新农科"建设有想法而无引领专业的问题，也能为我校传统植物生产类专业的提质改造提供参考样板和引领。②解决人才市场对智慧农业专业人才迫切需求的问题。纵观我国农业发展现状，规模化、机械化、市场化、信息化程度较低，行业存在大量低端人才，开创新型农业生产经营销售新模式，从农业依靠人力的"精耕细作"到规模化"粗放式"管理，从一家一户的半机械化生产到"互联网＋现代农业"之路，凭借的是劳动力素质提升与人才意识创新，而突破人才匮乏的困境，打造新型农业经营队伍，成为发展现代农业的关键一步。2016 年以来，国务院连续行文，强调加强数字农业建设，积极推进精准农业实践和智慧农业探索。《全国农业现代化规划（2016－2020）》（国发〔2016〕58 号）提出要实施"智慧农业引领工程"，2017 年中央一号文件提出"实施智慧农业工程，推进农业物联网试验示范和农业装备智能化"，2019 年中央一号文件明确要推进智慧农业领域自主创新，2020 年中央一号文件明确要"依托现有资源建设农业农村大数据中心，加快物联网、大数据、区块链、人工智能、第五代移动通信网络、智慧气象等现代信息技术在农业领域的应用"。《湖南省"十三五"农业现代化发展规划》明确"大力推进农业信息化，加强农业与信息技术融合，发展智慧农业，提升农业综合信息服务能力"。党和国家战略部署的落地必须要有现实的智力资源支撑，但传统涉农专业无法满足数字农业、精准农业、智慧农业领域的人才需求。目前的农业行政部门、农业企业、农技推广体系均极其缺乏农业经济运行监测预警、农业物联网、农业遥感、农村电子商务、农产品质量追溯、智能农机装备等领域的专业人才。探索开办智慧农业专业，为现代农业发展提供智力支撑，是高等农业院校的责任。

改革目标：通过研究，明确我校智慧农业专业的定位，人才培养目标与要求，制定融合作物学核心课程、现代生物技术、信息技术、农艺技术、工程技术等课程的智慧农业专业人才培养方案，组建智慧农业专业教学团队，建设智慧农业专业的课程体系、实践教学体系、质量评价体系，力争 2021 年开始招生，在 10 年内将智慧农业专业建设为国内一流专业。

改革思路：立足国家现代农业发展需要，服务新时代乡村振兴战略，培养学生具有开阔视野和较强的学习能力、创新能力，既掌握现代农业基本原理与技能，又贯通现代信息技术、智能装备技术等；瞄准我国现代农业发展趋势，更新教育教学理念，推进知识经济时代的人才培养转型升级，实践"互联网＋"时代的教育教学理念和"互联网＋"时代的学习理念；创新人才培养机制和人才培养模式，改革人才培养过程，加速一流学科建设、一流课程建设、一流师资队伍建设、一流校内外实习基地建设，循序渐进建设智慧农业本科专业。

具体措施：①智慧农业人才培养目标与要求研究。通过广泛调研与研究，撰写智慧农业专业建设可行性论证报告，明确提出适应现代农业发展需求的智慧农业人才培养目标与培养要求。②制定人才培养方案。制定智慧农业专业人才培养方案，设置农业物联网、农业遥感、农产品质量追溯、智能装备等专业方向，在通识教育平台课程、学科专业基础平台课程的基础上，构建核心专业课程平台，同时设置专业方向的模块化课程群，构建特色化的"平台＋模块"本科人才培养方案，做到因材施教。③"3＋X"人才培养模式改革。具体实施办法："3＋1"本科培养模式前三年完成课程学习，第四学年分流，仅完成本科阶段教育或自主考研学生完成毕业实习及毕业论文；"3＋3"本科—专硕高素质复合应用型人才培养模式，前三年完成本科课程学习，第四年进入导师团队参与科研实践或社会实践活动并完成本科毕业论文，第五、六学年完成专业硕士修业任务；"3＋3＋3"本—硕—博高端创新人才培养模式，前三年完成本科课程学习，第四年取得推免生资格纳入学术型硕士培养计划，第六学年申请硕博连读资格，其后完成博士研究生修业任务。④全程导师制改革。本科生实施全程导师制，新生入校实施学生与导师双向选择，确定校内导师，履行新生入学适应、学业规划指导、职业发展指导、心理疏导、毕业论文指导、就业创业指导等职责，切实提升因材施教实效。⑤基本办学条件建设。课程建设方面，在原有省级、国家级精品在线开放课程（MOOC）、线上线下混合式一流课程、实践类一流课程的基础上继续加强课程建设，争取在本专业涉及的农业物联网、农业遥感、农产品质量追溯等方面推出新的省级、国家级一流课程。实验室建设方面，在现有实验教学资源的基础上，加大投入力度，建成现代作物信息技术实验室，承担本科生和研究生的现代作物信息技术实验教学，实验教学内容涵盖农业传感技术实验类、农业物联网技术实验类、农业遥感技术实验类、高光谱监测信息采集类、图形图像信息处理类、农业大数据分析实验类、农产品质量全程追溯实验类、农业经济运行监测预警实验类等。智慧农业专业人才培养需要高通量作物表型平台，用于系统监测和采集积累作物表型信息大数据资源，功能覆盖农作物生长发育表型信息过程监测的静态物像和动态过程等农业大数据资源的采集、传输、处理和应用。建成作物学虚拟仿真实验平台，充分利用现代信息技术和工程技术，实现对水稻、油菜、玉米、棉花、苎麻等主要农作物的形态、生理、生态等领域的虚拟仿真演示和动态过程虚拟仿真。加大投入建设满足智慧农业专业人才培养需求的实习基地。⑥教学方式方法改革。更新教学理念和教学方法，将新的教育技术、教学内容和教学方法深度融合，开展线上线下混合式教学、讨论式教学，在教学活动中实现知识技能传授和思维能力培养有机统一。⑦协同育人。协同国家农业信息化工程技术研究中心、国家智慧农业研究院、中联重科等单位联合培养，利用协同单位物联网、智能装备条件，提高教师的教学水平和学生的培养质量。

（2）"新时代精准植保"交叉学科人才培养的创新与实践

拟解决的关键问题：在规模化种植、农业生产"减肥减药、提质增效"的大势所趋下，提高肥料、农药的利用率已成为最热话题。在此背景下，"精准植保"应运而生。农田管理大数据平台系统与智能流量控制，是"精准植保"的核心内容，可概括为三个方面：①后台大数据管理平台实施海量数据处理，让农户及管理者通过网络实时掌控农田植保数据信息；②实现喷施速度和药剂流量、药剂种类的精准匹配、灵活调节；③实时回传和分析喷施流量、作业面积和轨迹数据，实现植保作业远程管理、智能化控制。随着人工智能和精准植保的发展，未来需要一大批在传统植物保护和海量信息处理方面二者兼顾的新时代人才。然而，当前无论是我校还是全国其他兄弟农业院校的植保人才培养方案中都缺乏"精准植保"的能力培养，这也是未来5～10年新时代植保人才培养需要解决的前瞻性问题。精准植保战略思维的实施，有可能成为促进我校植保专业未来10年快速发展的新动力，为规划和建设成为国家级一流本科专业做出贡献。为了顺应时代的发展，植物保护学院加强农科、理科和工科的交叉融合，创新提出"新时代精准植保"人才培养模式，建设跨学科跨专业教学团队和科教实践项目平台。

改革思路：①在现有植物保护人才培养方案的基础上，联合我校农学院、信息与智能科学技术学院、机电工程学院，大刀阔斧地对现有的植物保护专业课程体系进行改革，构建与智慧农业相适应的植物保护课程体系，推出"精准植保"人才培养方案；②在现有植物保护专业统一招生的基础上，选拔优秀学生，组建"精准植保"试点班，按"精准植保"人才培养方案实施教学；③在巩固与昆明大蚯蚓科技有限公司、深圳诺普信农化股份有限公司等合作关系的基础上，争取与国内智慧农业领头羊企业如阿里 ET 农业大脑、京东农场等建立合作关系，开展"精准植保"实践教学，率先在国内形成湖南农业大学的影响力；④基于本院生物信息专业师资力量、结合我校信息与智能科学技术学院智能控制领域师资力量的基础上，再有目标有针对性地引进人才，大力打造"精准植保"的教学团队。

具体措施：①新增与智慧农业相关的课程体系。当前植物保护专业主干课程主要是 5 门：普通植物病理学、农业植物病理学、普通昆虫学、农业昆虫学、植物化学保护学。因此，必须根据智慧农业、精准植保的需求，增设"农业大数据与信息处理"为主干课程，增设"计算机语言类""传感及遥感技术""自动化控制"等领域的核心课程。②进行"精准植保"人才培养试点。目前植物保护专业每年招生 4 个班，从 2020 年 9 月开始，从 4 个班级学生中选拔优秀学生，组建"精准植保班"，按"精准植保"人才培养方案开展教学。③增加与"智慧农业、精准植保"相关的校外实践教学基地。在与现有的深圳诺普信农化公司、昆明大蚯蚓科技有限公司加强合作之外，还需要尝试与在智慧农业方面国内领头羊企业建立合作关系，如阿里 ET 农业大脑、京东农场、深圳市大疆创新科技有限公司等。④引进人才，提升师资水平。基于本院生物信息专业师资力量、结合我校信息与智能科学技术学院自动化控制领域师资力量的基础上，再有目标有针对性地引进人才，大力打造"精准植保"的教学团队。同时，加强与国内兄弟院校在智慧农业、精准植保方面的交流与学习。南京农业大学国家信息农业工程技术中心是专门从事信息农业与精确农业技术创新、系统集成、转化应用的国家级研发机构。中心重点围绕"农情信息监测诊断""农业生产系统模拟""农业精确管理决策""信息产品研制开发"等 4 个科研方向，是我国信息农业领域的佼佼者。虽然该中心是以作物生长为中心的信息监测与诊断，尚未注重精准植保领域的技术。但仍是我院建设精准植保人才培养的优先学习榜样，因此学院将向兄弟院校派送教师和学生，开展 2 个层面的交流与学习。

（3）"三四四"智慧教学实践路径研究与实践

拟解决的关键问题：①教学组织方式与当前的知识交互方式不相融。高校教学中，知识传播方式仍以教师、教材的知识供给为起点，走的是教师→班级课堂→学生为主的从上至下的单一路径，与当前网络汇聚作用下的多点生成、多方向传播的知识交互方式不相融。②课堂的时空组织方式与智慧教学环境不相融。目前，智慧教室的课堂大多在教学设计上仍将其作为传统的多媒体教室来用，走的是优化知识呈现方式的老路，没有从备课、上课、练习、测试以及课内外互动方面来整体设计课堂，虚拟仿真实验项目也未在实验教学中得以拓展和深入，没有充分利用起智慧教室对物理空间、社会空间、信息空间等多维空间的整合功能，与智慧教学环境所提供的便捷、灵活、智能的教学支持不相融。③教学中的生生关系、师生关系越来越欠融洽。教师虽然能利用智慧课堂的签到、抢答、讨论区、互评等功能，在形式上支持课堂的多维互动，但忽略了对互动背后大数据的深度分析，动态跟踪与改进教学，引导学生真正成为学习主体，导致师生关系越发疏远。

改革目标：①建立以学生为中心、学与教功能内在有机对接的智慧教学范式；②助推建成一批基于智慧教室的新农科智慧课堂"金课"；③形成教育大数据驱动的新农科课程教育评价体系；④学生探究学习的指向性、实践性、参与性和开放性更强。

改革思路：本项目以建构主义、联通主义等学习理论为指导，围绕新农科"扎根中国大地掀起高等农林教育的质量革命"目标，紧密对接新农科"育卓越农林人才"的育人目标，聚焦新农科"金课"建设，突出以学生为中心，探索地方农业院校"三四四"智慧教学实践路径新范式，即"物理空间、资源空间、虚拟空间"的三个空间互通的智慧教学空间创新、"任务教学、混合教学、精准教学、虚实教学"的四种模式的智慧教学形态变革，以及"目标导向、技术支撑、应用方式、推进机制"的四位一体的教学服务改革，提升农业院校学生"知农爱农"的情感体验和"学农为农"的成就感。

具体措施：①实施智慧教学空间提升计划，推进教学全过程一体化。第一，整体设计优化：以"智能化"为核心进行系统优化升级，构建"云—台—端"整体架构，将系统功能从"支持课堂教学为主"向"支持学生个性化学习"拓展；通过创设网络化、数据化、交互化、智能化学习环境，支持线上线下一体化、课内课外一体化、虚拟现实一体化的全场景教学应用；第二，智能技术基础平台优化：搭建以本地课堂、直播课堂、点播微课课堂的立体式交互课堂，充分运用品课、云课堂及知识胶囊等教学软件，实现物理空间、资源空间、虚拟空间的无缝整合，满足教、学、考、评、管各环节及课前、课中、课后全过程支持，实体课堂教学、线下学习、实践活动到网络空间、虚拟实验室、线上学习及评价全时空覆盖，以及品德修养、知识传授、智能发展、社会实践及学科核心素养提升全方位应用。第三，智能化教学应用流程研发：根据学生学习需求，与公司技术方合作开发教师的"教"与学生的"学"的应用程序，实现对课前、课中、课后的全过程交流互动和信息服务支持，构建基于智能技术的智能化服务平台，构筑 AI（人工智能）赋能、体系优化的智慧教学生态体系。②实施智慧教学专项试点，探索新农科智慧教学新范式。第一，教学模式改革：针对新农科课程特性，以国家和省级"双万专业"的专业核心课、"大国三农"通识课和省级及以上虚拟仿真实验项目为重点，分学院、课程、教师三个层面选择合作伙伴，进行智慧教学专项试点，对学生进行全程跟踪，探寻空间创新与技术创新相融合的"任务教学、混合教学、精准教学、虚实教学"教学模式，实现线上线下、课内课外、教室与基地、教室与农场的空间自由切换、校企深度合作、师生高效交互的农业教育教学新范式，提升学生对知识点探究过程的理性认识和情感体验。第二，技术支持改进：从"云平台"向"智能云服务"转变，从"微云服务器"向"教室智能平台"转变，从"信息化服务"向"智能化服务"转变，支持线上与线下、课内与课外、虚拟与现实全场景教与学应用，实现精准化教学、个性化学习、智能化评测和精准化管理，真正实现学校智慧课堂教学的全领域、全场景、全过程应用，为智慧教育的实施提供典型的应用场景和范例。第三，教学主体关系变革：对接学校一流本科专业与课程的"双万计划"，以课程或课程群建设为纽带成立智慧教学工作坊，倡导跨团队合作，即跨学校、跨学科、跨学院、跨专业教师间的合作、教师与学生之间的合作，学校与行业企业之间的合作，为教师提供菜单化、计划性支持，加强教师信息素养和教学理论素养提升培训，通过师师共建、师生共建、校企合作建课，促进教学模式变革和再设计。③完善教学数据管理平台，构建多维教学评价体系。第一，硬件支持：以"云—台—端"为核心支撑，开发应用智能化检索、测评、推荐、交互等技术，对学生学习、教师授课过程进行智能追踪，并给出及时、精准的学情和教情分析，创设有利于协作交流和意义建构的智能学习环境。第二，标准研制：以基于大数据为主的评价为引擎，把握智慧教学"智能化的数据、多样化的教学工具、多维度的课堂互动、算法支撑的深度学习"关键性技术特征，聚焦学生深度学习效果，研制智慧环境下的课程质量标准和教学评价标准，促使教育评价由"个体经验"走向"数据驱动"，从"单一评价"走向"综合评价"，为学生学习和教师教授给出优化方向，为学校教学激励制度建设提供建议，不断激发教师教学专业发展的内驱力和自主性，促进智慧教学空间与课堂教学改革的良性互动，提升教学实施的精准性、教学目标的生成性和教学效果的悦纳性。④改进教学服务机制，营造敬于教学、乐于教学的教学文化氛围。目标导向上，用智慧环境激活课堂教学，用教学改革优化智慧环境，促进智能技术与教育教学的深度融合；技术支撑上，开发或定制适合农业教育的一体化大数据平台，为教学改进提供可靠和有质量的数据服务；应用方式上，加强课堂教学向教学体系应用的延伸，进一步拓展智慧课堂的多领域多形态应用；推进机制上，加强校企协同创新，实现智慧环境与教学实践的快速、有效融合。本项目有重点、分类分步开展智慧教育教学改革与实践，从农学类试点应用向常态应用、深度应用发展，从智慧教学的共性特征分析向农学类智慧教学的个性特征模型构建发展，从一般智慧教学模式向各学科智慧教学模式发展。

第二章　植物生产类一流专业建设

　　建设一流本科、做强一流专业、培养一流人才，是中国高等教育的重点和难点。教育是培养人的社会活动，学校是培养人的专门场所，教育方针明确：为谁培养人？培养什么样的人？怎样培养人？离开了"培养人"，高等教育和大学都不具备存在价值和空间。如何建设一流本科、做强一流专业、培养一流人才，是高等学校的永恒主题。

第一节　一流专业概述

一、一流专业概念范畴

　　2018 年 6 月 21 日，教育部在成都召开新闻发布会，介绍加快建设高水平本科教育有关情况。教育部高等教育司司长吴岩指出，下一步，教育部将以建设面向未来、适应需求、引领发展、理念先进、保障有力的一流专业为目标，实施一流专业建设"双万计划"，即建设一万个国家级一流专业点和一万个省级一流专业点。专业是人才培养的基本单元和基础平台，是建设一流本科、培养一流人才的"四梁八柱"，各高校要把建设一流专业作为加快推进一流大学和一流学科建设、实施内涵式发展的重要基础和根本抓手。要建立健全专业动态调整机制，对标国家发展战略和经济社会发展需求，主动布局集成电路、人工智能、养老护理等战略性新兴产业发展和民生急需相关学科专业。"双一流"建设高校要率先建成一流专业，应用型本科高校要结合办学特色努力建设一流专业。建设高等教育强国，要做好四个一流的统筹：①一流大学是目标。一流大学是中国硬实力、软实力、巧实力的象征，国家发展需要一流大学的支撑和引领。②一流学科是条件。一流学科不等于一流大学，一流学科的总和也不等于一流大学。一流学科强调学科资源建设和科技创新能力提升。一流学科有两个标志：一是拥有一流科研条件，能够产出一流学术成果；二是具有一流的教学水平，能够培养出一流的人才。③一流本科是根本。没有一流本科，建设一流大学是自娱自乐。④一流专业是基础。一流专业是一流人才培养的基本单元。只有真的把课程、教师、教学、学生及教学方法技术都在专业这个平台上整合好，把专业建扎实，把一流本科办好，培养一流人才的目标才可能实现。

二、一流本科教育宣言

《一流本科教育宣言（成都宣言）》于 2018 年 6 月 21 日，在四川成都召开新时代全国高等学校本科教育工作会议期间举行的"以本为本、四个回归、一流本科建设"论坛上，由 150 所高校联合发出宣言，因此也称"成都宣言"。

国以才立，业以才兴。习近平总书记指出，党和国家事业发展对高等教育的需要比以往任何时候都更加迫切，对科学知识和卓越人才的渴求比以往任何时候都更加强烈。为培养一流人才、建设一流本科教育，我们150 所高校汇聚成都，发出如下宣言：

（一）培养堪当民族复兴大任的时代新人是高等教育的核心使命

百年大计，教育为本。建设教育强国是中华民族伟大复兴的基础工程，培养德才兼备的有为人才是高等教育的历史使命。中国特色社会主义进入新时代，世界范围新一轮科技革命和产业变革扑面而来，我国高等教育正面临着千载难逢的历史机遇和挑战。只有因时而进、因势而新，以人才培养作为高校的核心使命，造就一大批堪当大任、敢于创新、勇于实践的高素质专业人才，才能为民族复兴提供坚实的人才基础。

（二）坚持以本为本、推进"四个回归"

高教大计，本科为本；本科不牢，地动山摇；人才培养为本，本科教育是根。追根溯源，自现代大学诞生以来，无论大学的职能如何演变，人才培养的本质职能从未改变、从未动摇。立足当前、面向未来，我们将把本科教育放在人才培养的核心地位、教育教学的基础地位、新时代教育发展的前沿地位，加快建设一流本科教育，为我国高等教育强基固本。我们将把回归常识、回归本分、回归初心、回归梦想作为高校改革发展的基本遵循，激励学生刻苦读书学习，引导教师潜心教书育人，努力培养德智体美全面发展的社会主义建设者和接班人，加快建设高等教育强国。

（三）致力于立德树人

我们将全面贯彻党的教育方针，把立德树人的成效作为检验学校一切工作的根本标准。坚持社会主义办学方向，把马克思主义作为中国特色社会主义大学的"鲜亮底色"。促进专业知识教育与思想政治教育相融合，发展素质教育，围绕激发学生学习兴趣和潜能深化教学改革，全面提高学生的社会责任感、创新精神和实践能力，交给学生打开未来之门的"金钥匙"，让他们能够敏锐地洞悉未来、自信地拥抱并引领未来。

（四）致力于教书育人

我们将努力建设高素质教师队伍，把师德师风作为教师素质评价的第一标准，引导教师以德立身、以德立学、以德施教，更好担当起学生健康成长指导者和引路人的责任。全面提升教师教育教学能力，加大对教学业绩突出教师的奖励力度，改革教师评价体系，引导教师潜心教书育人，享受得天下英才而育之的职业幸福。

（五）致力于提升内涵

我们将着力建设高水平教学体系，提升专业建设水平，建设面向未来、适应需求、引领发展、理念先进、保障有力的一流专业；推进课程内容更新，将学科研究新进展、实践发展新经验、社会需求新变化及时纳入教材；推动课堂革命，把沉默单向的课堂变成碰撞思想、启迪智慧的互动场所；建立学生中心、产出导向、持续改进的自省、自律、自查、自纠的质量文化，将质量要求内化为师生的共同价值和自觉行为。

（六）致力于领跑示范

我们必须适应新技术、新产业、新业态、新模式对新时代人才培养的新要求，大胆改革、加快发展，形成领跑示范效应。加快建设新工科，推动农科、医科、文科创新发展，加强基础科学和文、史、哲、经济学拔尖创新人才培养。持续深化创新创业教育改革，造就源源不断、敢闯会创的青春力量。努力建设新时代中国特色社会主义标杆大学，把"四个自信"转化为办好中国特色世界一流大学的自信。

（七）致力于变轨超车

深入推进"互联网＋高等教育"，打破传统教育的时空界限和学校围墙，以教育教学模式的深刻变革推动高等教育变轨超车。大力推动现代信息技术的应用，打造智慧课堂、智慧实验室、智慧校园，探索实施网络化、数字化、智能化、个性化的教育，重塑教育教学形态。加大慕课平台开放力度，打造更多精品慕课，推动教师用好慕课和各种数字化资源，实现区域之间、校际之间优质教学资源的共建共享。

（八）致力于公平协调

我们将围绕国家主体功能区定位，将学校发展规划与经济带、城市群、产业链的布局紧密结合起来。积极配合国家实施"中西部高等教育振兴计划升级版"，推动中西部地区加快现代化进程。充分发挥高等教育集群发展的"集聚－溢出效应"，以区域经济社会发展为目标导向，增强高校的"自我造血能力"，激发内在动力、发挥区域优势、办出特色办出水平。

（九）致力于开放合作

我们将汇聚育人合力，深入推进产教融合、教科结合，健全高校与实务部门、科研院所、行业企业协同育人机制，实现合作办学、合作育人、合作就业、合作发展。扩大对外交流合作，主动服务"一带一路"建设，加快打造"留学中国"品牌，积极与国外高水平大学开展合作，培养具有宽广国际视野的新时代人才。

（十）致力于开拓创新

改革是第一动力，创新是第一引擎，要成就伟大的教育，教育创新就不能停顿。近代以来，世界强国的崛起和高等教育中心的转移，都伴随着高等教育的变革创新。中国要强盛、要复兴，要成为世界主要科学中心和创新高地，首先必须成为世界主要高等教育中心和创新人才培养高地。我们将紧紧把握高等教育发展的历史机遇，加快人才培养的思想创新、理念创新、方法技术创新和模式创新，推动一流本科教育建设的洪流奔涌向前，携手更多高校和社会各界，汇聚起建设高等教育强国的磅礴力量！

三、一流专业建设行动

（一）实施一流专业建设"双万计划"

专业是人才培养的基本单元，是建设高水平本科教育、培养一流人才的"四梁八柱"。以建设面向未来、适应需求、引领发展、理念先进、保障有力的一流专业为目标，建设1万个国家级一流专业点和1万个省级一流专业点，引领支撑高水平本科教育。"双一流"高校要率先建成一流专业，应用型本科高校要结合办学特色努力建设一流专业。

（二）提高专业建设质量

适应新时代对人才的多样化需求，推动高校及时调整专业人才培养方案，定期更新教学大纲，适时修订专业教材，科学构建课程体系。适应高考综合改革需求，进一步完善招生选拔机制，推动招生与人才培养的有效衔接。推动高校建立专业办学条件主动公开制度，加强专业质量建设，提高学生和社会的满意度。

（三）动态调整专业结构

深化高校本科专业供给侧改革，建立健全专业动态调整机制，做好存量升级、增量优化、余量消减。主动布局集成电路、人工智能、云计算、大数据、网络空间安全、养老护理、儿科等战略性新兴产业发展和民生急需相关学科专业。推动各地、各行业、各部门完善人才需求预测预警机制，推动高校形成就业与招生计划、人才培养的联动机制。

（四）优化区域专业布局

围绕落实国家主体功能区规划和区域经济社会发展需求，加强省级统筹，建立完善专业区域布局优化机制。结合区域内高校学科专业特色和优势，加强专业布局顶层设计，因地制宜，分类施策，加强指导，及时调整与发展需求不相适应的专业，培育特色优势专业集群，打造专业建设新高地，提升服务区域经济社会发展能力。

四、高水平本科专业建设

湖南农业大学以习近平新时代中国特色社会主义思想为指导，全面贯彻落实党的十九大精神，以全国教育工作大会精神和新时代高教40条为准绳，全面落实立德树人根本任务，扎实推进一流专业建设，全面推进本科教育综合改革，着力打造一流本科教育。

（一）落实"以本为本，四个回归"精神，夯实本科教学中心地位

围绕"以本为本，四个回归"，开展教育思想大讨论，充分认识本科教育在人才培养中的核心地位；全面落实立德树人，把社会主义核心价值观教育融入教育教学全过程各环节，落实到质量标准、课堂教学、实践活动和文化育人中；强化一把手工程，学校各级党政一把手是教学质量的第一责任人，完善校、院两级党政领导定期研究教学工作的会议制度，夯实本科教学中心地位。

（二）推进"四新"建设工程，全面提高专业建设水平

围绕支撑学科、产业链发展，依据"卓越计划2.0"、一流本科专业和课程建设"双万计划"，推动新工科、新医科、新农科、新文科建设。调整专业设置，优化专业结构，推进农科、工科和文科的改造升级及特色发展，增设人工智能、大数据、园艺设施等相关学科专业；统筹推进一流学科和一流专业建设，促进学科专业协同发展，加大课程改革力度，打造一批深受学生欢迎的"金课堂"。

（三）完善协同育人和创新创业机制，提升学生实践和"双创"能力

推动创新创业教育与专业教育、思想政治教育紧密结合，强化创新创业实践，搭建创新创业平台，凝练和拓展创新创业品牌项目，发挥创新创业项目和创新创业竞赛活动的引领推动作用。建立产教融合、相互促进的协同培养机制，全面构建以卓越农林人才培养模式、校企协同培养模式、校校协同培养模式、"六求"素质拓展和专业大类人才培养模式为主体的多元化人才培养模式新格局。拓展国际合作与交流，探索国内外共同培养人才的模式及有效途径。深化创新创业课程体系、教学方法、实践训练、队伍建设等关键领域改革，推进产教深度融合，以新工科带动工科专业发展，推动以创新与产业发展为导向的工程教育新模式。深化农科教结合，协同推进学校与地方、院所、企业育人资源互动共享。

（四）实施质量文化建设工程，提高人才培养质量

强化质量意识，突出学生中心、产出导向、持续改进的质量管理理念，把人才培养能力和质量作为评价学校各项工作的首要指标；健全内部质量信息收集、挖掘和分析机制，健全改进督查机制，促进质量改进实效；全面树立与落实"以学生为中心"的教育价值观，完善"以学生为中心"的教育教学体系，丰富以促进学生多样化、个性化发展为指向的教学资源体系；按照"三全育人"的理念和要求，系统梳理、修订完善与大学生学习、生活等相关的各项管理制度，将质量文化内化为全校师生的共同价值追求和自觉行为，形成以提高人才培养能力为核心的质量文化。

第二节 国家级一流本科专业建设点

一、农学专业

（一）农学专业简介

（1）专业定位。农学专业是湖南农业大学的传统优势专业，具有悠久的办学历史，立足湖南，面向全国，培养能适应现代农业发展需求，具备作物生产、作物遗传育种、种子生产与经营管理、现代生物技术等方面的基本知识、基本理论、专业技能，能在国内外农业及相关部门从事生产与经营、研究开发与教学、技术推广与服务、管理与决策等工作的复合型人才。农学专业发展定位为全国同类专业位居前列的一流专业。

（2）历史沿革。专业办学历史可追溯到1903年的修业学堂，本科专业始于1926年的湖南大学农业学院农作专业，1951年组建湖南农学院时设置农学专业，1978年起招收硕士研究生，1986年起招收博士研究生，1995年设博士后流动站，2001年被评为省级重点专业，2007年被评为国家级特色专业，2013年被列为国家级综合改革试点专业。

（3）办学特色。与国内同类专业比较，具有典型的南方大田作物特色，水稻、油菜的教学、科研水平国内领先。

（4）优势。具有丰富的办学经验积累，拥有国家级特色专业、国家级专业综合改革试点、拔尖创新型人才培养试点等国家级品牌资源，具有院士、国家级教学名师、全国高校黄大年式教师团队等品牌的高水平教学团队。

（二）专业特色资源

（1）重大支撑项目。①国家级"2011协同创新中心"：南方粮油作物协同创新中心；②湖南省"2011协同创新中心"：南方稻田作物多熟制现代化生产协同创新中心；③第一批卓越农林人才教育培养计划：拔尖创新型；④教育部"本科教学工程"第一批本科专业综合改革试点；⑤首批高等学校新农村发展研究院：湖南农业大学新农村发展研究院。

（2）国家级教学品牌。①国家级重点学科：作物栽培学与耕作学；②国家级教学名师：官春云；③第一批高等学校特色专业建设点：农学专业；④国家级教学团队：作物学科主干课教学团队；⑤全国高校黄大年式教师团队：作物学教师团队；⑥第三批国家级精品资源共享课：作物栽培学；⑦国家级农科教合作人才培养基地：衡阳油菜、岳阳水稻；⑧教育部"本科教学工程"大学生校外实践教育基地：隆平种业；⑨全国农业专业学位研究生实践教育特色基地：湖南隆平种业有限公司；⑩国家级精品资源共享课：作物栽培学。

（3）国家级教学成果。①农学专业本科人才培养方案及教学内容和课程体系改革的研究与实践；②实施现代农业新技术推广示范工程，推动农村职业教育综合改革；③高等教育大众化背景下地方高校实行弹性学分制的研究与实践。

（三）专业综合改革的主要措施与成效

（1）"3＋X"人才培养模式改革。2014年开始探索"3＋X"人才培养模式改革，形成了基于学习进阶理论和教育生态链理论的连续培养机制，三种执行模式。①"3＋1"本科人才培养模式：前三年完成课程学习任务和实践，第四学年分流，拔尖创新型人才培养进入导师团队进行科研训练，复合应用型人才培养进入现代农业企业开展基于"双导师制"的顶岗实习。②"3＋3"本－硕连续培养模式：本科阶段和研究生阶段跨学科对接，全学程6年，取得专业学位。③"3＋3＋3"本－硕－博连续培养模式：探索拔尖创新型人才培养模式，全学程9年，取得博士学位。

（2）指向职业发展优势区的分类培养改革。2013开始探索分类培养改革，2014年推行分类培养改革实践，形成了基于人—职匹配理论的分类培养改革理论成果，人才培养改革成效显著。拔尖创新型农业人才重点遴选具有研究型、艺术型人格特质的培养对象；复合应用型农业人才重点遴选具有企业型、社会型人格特质的培养对象，跃入人力资源开发深水区。

（3）协同培养机制创新。拔尖创新型人才培养，重点利用国内外其他高等学校的特色资源、科研院所的学科资源和科技创新平台资源、生产一线的科学问题凝练资源；复合应用型人才培养过程中，重点利用国内外其他高等学校的特色资源、科研院所的科技成果转化资源、生产一线经营管理资源，构建了协同培养长效机制，获湖南省教学成果二等奖（2016年）。

（4）不断深化实践教学改革。在传承和发展"六边"综合实习改革成果（曾获国家教学成果二等奖）的基础上，构建了完善的"四年不断线"

实践教学体系：第一学期专业劳动；第二、三、四学期的《农学实践1、2、3》；第五学期课程教学实习；第六学期"六边"综合实习；第七、八学期科研实践或顶岗实习，全面提升学生的创新能力和综合职业能力。此外，创建了作物学实验技术竞赛、作物学实践技能竞赛、作物学科研技能竞赛三大品牌，广泛开展社会实践和社会调查，提高学生的社会适应能力。

（5）基于数字化教学资源的教学过程改革。以"作物栽培学"国家级精品资源共享课、"'互联网＋'现代农业"省级精品在线开放课程等数字化教学资源，广泛开展混合式教学、讨论式教学、辩论式教学改革。

（6）全程导师制改革。本科教育阶段实行全程导师制，对于实行"3＋X"连续培养的学习者，其中本科教育阶段的导师与研究生培养阶段的责任导师应为同一名导师，充分体现全程导师制的有效指导和定向培育。

（四）专业建设的主要措施与成效

（1）师资队伍建设。全国高校黄大年式教师团队。农学专业的师资队伍是作物学教师团队，展现了一流教学团队的综合实力。为了促进教师成长，提高教学团队整体水平，本专业率先实行"三位一体"团队建设，将教师按其专业特长归位作物栽培学与耕作学、作物遗传育种两大团队，实现教学、科研和社会服务的"三位一体"，让教师的教学工作、科技创新和社会服务统筹兼顾，既为教师个人发展确定了明确方向，又有效地提高了团队教学水平、科技创新能力和社会服务实力，为农学专业教学团队的持续发展提供了动力和后劲。教师团队于2013年被教育部认定为国家级教学团队，2018年被授予"全国高校黄大年式教师团队"荣誉称号。

（2）基层教学组织建设。农学专业的基层教学组织为农学系，下设作物栽培学与耕作学教学团队、作物遗传育种学教学团队、作物信息技术教学团队、农业推广学教学团队、现代作物学实验技术教学团队、田间试验与生物统计教学团队等课程教学团队，实现了教学微观管理规范化、教学研究与教学研讨常态化、教学文件与教学档案管理科学化。

（3）更新教育教学理念。全面推进知识经济时代的人才培养转型升级，引导教师和学生更新教育教学理念和学习理念。第一，推行"互联网＋"时代的教育教学理念，积极探索大学生知识获取能力提升、知识组织能力培养、工具应用能力训练的教育教学方法和手段改革；第二，推行

"互联网+"时代的学习理念，全面提升学生的自主学习能力。

（4）规范教育教学管理。第一，实行院—系二级管理体制，建立教学工作决策子系统、执行子系统、监控子系统、信息反馈子系统。通过系统的集成，强化设计、检查、监控、评估、反馈功能，强化系一级的主体地位和实体特性。第二，实行目标管理，完善考评机制。建立专业教师集体指导制、班主任制和导师制"三位一体"的全程导师制培养管理新模式，实现专业教育与素质拓展的有机结合。

（5）加强教学资源建设。搭建专业核心课程群、学术型与应用型人才培养专业选修课群，建成了《作物栽培学》国家级精品资源共享课、省级精品在线开放课程；加强浏阳综合实习基地的建设；逐步构建校外实习基地网络。构建了一个由科研型、推广型、生产型等各类单位组成的校外实习基地网络，拥有更为广泛的教育教学资源。

（6）人才培养质量。农学专业近三年平均就业率达94.3%，其中考研率为42.4%，考取中国农业大学、中国农业科学院、南京农业大学等农业院校或研究所的比率高达91.3%；其他直接就业同学有近60%选择在隆平高科、深圳诺普信农化股份有限公司、江西红土地有限公司等农业企业从事与专业相关工作，数据充分说明本专业毕业生对专业的认可度高。每年学院通过调查问卷、现场考察等形式对农学专业毕业生进行抽样跟踪调查。有超90%的毕业生对目前就业情况感到满意，认为能在现在岗位发挥自己的才能。说明专业设置、课程设置合理，符合现在市场需求。学院每年亦对重点用人单位进行了调查回访，整体而言用人单位对农学专业毕业生评价较高，特别是对于专业知识、专业技能、实践能力、合作精神、发展潜力等满意度达95%以上。因工作能力突出，部分农学专业毕业生得到公司重用。比如：2013级农学二班范广新，毕业后签约四川隆平种业有限公司，工作后踏实肯干，专业知识扎实得到公司高度评价，现已是公司广东省主管经理。2014级农学二班余桐，毕业后签约深圳市鑫荣懋农产品股份有限公司，工作时积极主动，能吃苦耐劳，被公司列为重点培养对象，现在负责公司越南区域采购工作。

（五）推进专业建设和改革的主要思路及举措

（1）加强作物学数字教学资源建设，建设一批"大国三农"品牌课程。以现有"作物栽培学"国家级精品资源共享课程和"'互联网+'现代农业"省级精品在线开放课程建设为引领，建设"作物育种学""杂交水稻制种技术""种子生产与经营""农业物联网技术""农业遥感技术"等数字化课程教学资源，实时更新教学内容和丰富教学资源，打造"大国三农"品牌课程。

（2）固化推广教学研究与教学改革成果，全面推进人才培养转型升级。在现有卓越农业人才培养改革实践和隆平创新实验班改革成果的基础上，固化推广分类培养、连续培养、协同培养机制创新成果，构建人才培养改革长效机制，推进人才培养转型升级。

（3）进一步深化专业综合改革，建设一流教育教学品牌资源。全面深化导师制改革、课程体系改革、实践教学体系改革、教学质量评价体系改革，持续加强师资队伍建设、实验室建设、校内外实习基地建设，将作物学教学团队建设为一流教学团队，将农学专业建设成为一流品牌专业。

二、园艺专业

（一）园艺专业简介

（1）专业定位：坚持学校的办学指导思想和办学理念，立足湖南，服务"三农"，建设以本科教育为主，研究生教学协调发展，学产研相结合的在全国同类专业中位居前列的宽口径园艺专业。本专业培养德、智、体、美等方面全面发展，适应农村经济和社会发展的需要，具有较完整的现代生物科学知识体系和较宽厚的园艺基础理论知识，较扎实的园艺专业技能，熟悉园艺全产业链，能从事园艺相关方向的植物生产、科技推广、产业开发、经营管理、教学与科研工作，有较宽广的适应性、一定专业特长和创新能力的学术研究型和复合应用型人才。

（2）历史沿革：1989 年湖南农业大学在全国率先创办园艺专业，专业办学历史悠久，可追溯到 1958 年创建的果树和蔬菜专业与 1985 年创建的观赏园艺专业。

（3）特色优势：我校园艺专业注重实践性教学环节，以提高学生动手能力作为专业发展的重要目标，经过近三十年的发展，构建起了人才培养、科学研究、服务社会"三位一体"平台，形成了以人才培养为中心、科学研究相结合、服务社会为落脚点，统一协调的良性机制。通过学研产结合，实施教学改革，提高学生创新创业能力，按照个性化和分类培养的要求，分别培养符合园艺科学和园艺产业发展新需要的人才。

（二）专业综合改革的主要举措和成效

园艺专业一直以专业建设为目标，在人才培养体系完善、教学团队建设、课程教学改革、实践教学基地建设和学生创新创业能力培养等方面开展专业综合改革，并取得以下成效：

（1）构建了园艺专业创新人才和创业人才两种分类培养模式。首先对人才培养方案进行调整，根据园艺专业特点确定专业核心课程；然后将多门课程的实验课内容整合，开设单独的实验课；再就是增加"专业导论""专业专题讲座"和"园艺企业经营与管理"三门课程。2014 年按照国家卓越农林人才培养计划，制定拔尖创新型园艺人才培养方案，实施小班制和导师制的分类培养，培养具有国际视野的创新型人才。

（2）构建了五个课程教学团队。根据园艺全产业链特点，分别构建了遗传育种、生物技术、栽培生理、贮藏加工、经营管理五大教学团队，加强课程质量标准建设，强化学生产前、产中和产后三大环节的相关知识和技能。

（3）完善了实践教学体系。以构建"三位一体"平台为目标，完善实验室和教学实习基地的支撑条件；充分利用科研平台条件、与科研项目结合，实现以科研成果更新教学内容，促进学生参与科学研究，提高学生创新能力。建立开放多元的拓展教育和师生互动活动，如各类水果节、组合盆栽赛和插花艺术赛等，传播园艺文化。园艺专业投入一定的经费支持，鼓励教师在生产实习中带领学生走出校园，先后带领学生赴深圳、广州、武汉、上海参观考察园艺市场和先进的园艺企业，扩大学生视野，培养学生专业兴趣方面发挥了重要作用。

（4）建立校企合作的协同育人办学模式。为了拓展园艺专业学生视野，增强学生专业兴趣，先后与多家企业进行交流和教学科研合作，签订协议，建成校企合作实验实训基地，为学生提供生产实习和实验场所。部分企业还设立企业奖学金，激励学生热爱专业、培养学生的责任感与敬业精神，并促使学生尽快融入社会、融入企业，提高学生的专业认同感和学习积极性，使其成为适合企业需求的创新创业人才。同时在企业开展课外创新设计和实验，把服务基地建成了大学生课外创新活动的基地。

（三）专业建设的主要措施与成效

（1）加强师资队伍与教学基层组织建设。园艺专业以提高学术水平、创新能力和国际竞争力为导向，以科研平台为依托，以学科带头人为核心，围绕重点方向凝聚学术队伍。现有教师31人，其中院士1人，正高级职称15人，副高9人，中级职称7人，具有博士学位的27人，具有出国留学经历的19人。坚持实施青年教师导师制，为新进教师配备高层次专家为指导老师，通过传、帮、带，构建人才梯队，将青年教师培养与社会服务相结合，培养双师型教师。通过引进高水平博士、选派优秀教师国际交流和培训，提升教学和科研水平，为开展双语教学储备人才。同时聘请校外本领域顶尖专家，指导科学研究、学科发展和不同层次人才培养，提高团队创新水平。坚持教学研讨制度，主要围绕青年教师培养、教学方法交流和教学改革效果讨论等方面进行，坚持听课制度和同行评议，从而提高教学水平。积极参加教学培训，每年举行讲课比赛、公开示范课和获奖教师经验交流，提高教学技能。通过多渠道发展，已组成一支知识面广、视野开阔、学缘、学历、职称结构合理的教学和科研水平均较强的教学团队。

（2）加强专业教学质量保障体系建设。园艺专业分别从教学安排、教学监督、教学实施、考试改革和教学评价等环节加强教学质量保障体系的建设，取得以下成效：①制定和完善了教学质量标准。分别从教材选用、课堂教学、实验及实习教学、考试考核、毕业论文等环节制定质量标准。②建立督查和同行评价体系。成立教学督查组，检查教学资料准备情况，随时对课堂教学和实验教学进行检查和督导，收集学生反馈的意见；坚持同行听课和评课，督促教学内容更新，并作为教师教学绩效考核的依据。③健全资料收集和完善制度。在考试考核审批和毕业论文管理环节等方面，落实资料收集和完善管理制度。④建立教学质量反馈体系。定期组织学生对教师的教学进行测评；采用问卷调查方式开展学生评教，获取学生对教师的教学行为及教学工作的建议，同时作为教学改革的重要依据。⑤构建教学质量激励系统。综合教学监督与评价结果，评选优秀教师；组织教学竞赛，对获奖者进行表彰和奖励；同时奖励在教学改革中取得教学成果的优秀教师。

（3）人才培养质量。近三年来，园艺专业考研人数整体呈现平稳趋势，升学率约为30.70%，升学院校包括中山大学、中国农业大学、浙江大学等"985"工程高校、"211"工程高校及其他高校。园艺毕业生广泛分布于机关、企事业单位就业。其中机关单位录用8人，广西柳州市柳城县甘蔗研究中心、湘潭市原种场、江华瑶族自治县义务教育学校等事业单位录用9人，中国邮政储蓄银行股份有限公司、珠海正方公共资源运营有限公司等国有企业录用7人，湖南新泰和绿色农业集团有限公司、袁隆平农业高科技股份有限公司、广州缤纷园艺有限公司等知名企业录用30余人。根据近三年来聘用我院园艺毕业生的用人单位总体评价，用人单位普遍认同我院园艺毕业生，具有扎实的基础知识，工作认真负责，勤学好问，吃苦耐劳。能够灵活运用所学的知识解决工作中的问题。毕业生综合素质较高，有较强的沟通能力、团队精神和合作意识，能够积极参加单位的各项活动，忠诚度高并且学院声誉好，园艺专业富有特色。

（四）推进专业建设和改革的主要思路及举措

（1）更新育人理念，适应新农科人才需求。树立全面育人质量观，夯实基础教育，注重专业文化，按照新农科人才培养的要求，培养有社会担当、热爱农业、有创新能力的专业人才；将教学与科研作为育人的载体；构建以学生为主体的育人模式。

（2）完善人才培养方案，强化分类指导。对照新的人才培养方案，从园艺专业办学定位、人才培养、特色品牌建设、运行机制和实践教学等进行完善。在完成学科基础知识的学习之后，分方向进行专业教育，结合学生兴趣，执行导师制，做分类指导。加强与科研平台、教师科研项目和学生科创课题结合，提高学生的创新能力和科研水平，培养学术型人才；加强与企业合作办学，强化学生动手能力以及创业能力；培养具有工匠精神的应用型专业人才。

（3）丰富育人载体，构建综合育人体系。对已建立的五个专业核心教学团队，指定负责人，进行教学团队的分工协作，实施教学改革，突出课程特色；着手组建"园艺原理与技术"实践课程教学团队，编制相应的教学大纲和教材，制定园艺专业技能规范和考核标准；开展"园艺商品学""插花艺术""葡萄与葡萄酒文化"等课程的网络课程建设。在新农科改革形势下，开拓本科教学新方向，在农业信息化技术、农业生物技术和智能化等方面展开研讨和相关课程建设。加大设计性和研究性实验项目的建设，推进科教融合和校企协作，从而构建实验实践中心、教学基地和校外实习基地的育人平台，形成理论与实践、实验与实习、室内与室外的有机结合，完善育人体系。

（4）进一步优化师资队伍。重视师德师风建设，强化教学质量意识，强化教师教书育人的主体责任。加强青年教师培养和教学团队的建设力度，鼓励教师积极开展教学改革。重视与加强专业教师访学、交流和双语课课程建设，在科学研究、人才培养与产业发展等方面开展国内外交流与合作。制定教育教学奖惩条例，举行各类型的教育教学比赛，鼓励教师潜心教学，在工作量核算、评奖评优活动和职称评定过程中提高教学成绩的比重。

三、茶学专业

（一）茶学专业简介

（1）专业定位。立足于国家对茶学本科人才知识和能力的要求，通过学研产紧密结合，培养德智体美劳全面发展，具备农学、生物科学和食品科学等基础知识，能够胜任在农业、工业、商贸等领域从事茶学相关技术与设计、开发与推广、经营与管理、教学与科研等工作的高素质复合型人才。

（2）历史沿革。1958 年创办，1981 年获硕士学位授予权，1993 年获博士学位授予权，1995 年建立博士后流动站；1997 年"构建茶学专业教学新体系，培养农工贸复合型人才的研究与实践"获得国家教学成果二等奖；2003 年获园艺一级学科博士学位授予权，2007 年获批国家特色专业，2010 年入选"教育部创新团队发展计划"，2014 获批教育部"卓越农林人才培养改革"试点专业；2019 年获批省级一流专业，2019 年学科专业领衔人刘仲华入选为中国工程院院士。

（3）特色优势。一是在办学条件、师资队伍、创新平台、产业基地等方面，积聚了一套达国内先进水平的教学资源体系；二是始终坚持学研产紧密结合的教学模式和农工商协同创新的知识传授，确保了专业、学业与职业"三业"教育的有机结合；三是在第四轮学科评估中，以茶学、园艺专业为依托的园艺学一级学科为 B+。

（二）专业综合改革的主要举措和成效

（1）学研产"多维协同"育人体系研究与实践。2016－2019 年，依托"基于教学科研互动的茶学创新创业人才培养模式研究与实践"等省级教改项目，以提升学生创新创业能力为导向目标，初步构建了学研产"多维协同"育人体系，提出了"同济共生"理论。在校内，在充分利用省部共建茶学专业实验室、园艺生产类大学生创新创业教育中心、国家植物生产类实践教学示范中心等实践教学平台的基础上，全面开放本专业所属茶学教育部重点实验室、国家植物功能成分利用工程技术研究中心、省部共建植物功能成分利用协同创新中心、茶叶研究所等创新平台，平台教师100%承担教学任务；在校外，通过教师团队的科研合作、成果转化、基地（含试验站）建设和产业服务等方式，与中国农科院茶叶研究所、湖南省茶叶研究所、湖南省茶业集团股份有限公司、湘丰茶业集团股份有限公司以及国家与省级茶产业岗位体系试验站等近二十家单位建立了协同育人机制。新建校外实践教学基地16个；获得省级教学成果三等奖2项；创立了"湘农茶学教育发展基金"，每年100万元用于奖励优秀学生。

（2）茶学卓越农林人才培养研究与实践。2014－2019年，依托教育部卓越农林人才教育培养计划项目和"湖南省植物功能成分利用协同创新中心"人才培养计划，开展了茶学拔尖创新型人才培养改革，要求卓越班学生做到全程导师制、通过英语六级、1人1课题以及学习期间均须进入协同创新中心进行科研训练和创新实践，同时积极探索本－硕、本－硕－博连读机制，有效提高了学生创新创业能力。三年来，获得国家及省级创新创业项目8项以及制茶能手、评茶员、茶艺师等职业技能资格证书54项，88%以上考取研究生，100%通过英语四级，88%以上通过六级，70%以上发表论文。

（3）新农科形势下茶学专业改造提升改革与实践。为贯彻落实"安吉共识"对高等农林教育提出的"四个面向"精神，遵照"三全育人"理念，全力从专业定位、办学模式、培养目标、教学条件、课程体系、教学方法、考核评估等方面，积极开展新农村形势下茶学专业改造提升改革与实践，提高茶学人才培养质量。以茶学专业作为试点专业之一，由校长邹学校院士主持的"传统植物生产类专业更新提升改革与实践"以及由曾福生副校长主持的"农科类专业科教协同育人探索与实践"，均先后获批湖南省和教育部的教改项目立项，目前各项工作已按计划全面启动，进展良好，并完成了2020版茶学人才培养方案的制（修）订。

（三）加强师资队伍和基层教学组织建设的主要举措及成效

（1）通过"内培外引"着力打造高水平师资团队。通过学科与专业建设、重大重点项目实施以及创新平台与团队建设，先后培养中国工程院院士 1 人、国务院学位委员会园艺学科评审组专家 1 人、第七届教育部科学技术委员会委员 1 人、国家新世纪百千万人才 1 人、省科技领军人才 1 人、教育部新世纪人才 2 人、省学科带头人 2 人，青年骨干教师 6 人，省 121 创新人才工程第一层次人才 1 人；先后从清华大学、北京大学、中国科学院大学等引进了博士后 4 名，形成了一支有 29 名专职教师的教师队伍，其中，院士 1 人，教授 11 人，副教授 14 人，24 人获博士学位，45 岁以下 15 人，完全能满足 90 人/年招生规模的教学需要。

（2）通过全力支持教师参加培训、竞赛、教学研讨、学术交流等方式，提高教学水平。近三年参加教学培训 12 人次，省级以上讲课比赛 10 人次、学术交流 56 人次，获得湖南省教书育人楷模 1 人、"中华优秀茶教师" 2 人、"全国优秀茶叶科技工作者" 4 人、"湖南茶业创新发展杰出贡献人物" 3 人。

（3）不断健全教学管理制度。严格执行双周四的教学研讨制度，不断完善课程负责人、听课、值班答疑、教学检查、教学效果评价等管理制度，先后多次被评为优秀基层组织。

（四）加强专业教学质量保障体系建设的主要举措和成效

（1）严格执行"四个回归"和"三全育人"精神。激励学生求真、求实，练好专业基本功；要求 100% 教授、副教授为本科生授课；要求教师以德育人，传授紧跟前沿知识与技能。

（2）及时制（修）订人才培养方案。最大限度调减或取消对人才培养目标没有支撑作用的相关课程，强化基础课、专业基础课及其教学内容与人才培养目标的紧密对接。

（3）着力课程及其教学团队建设。全部课程实行课程负责人领导下的教学团队制（含教材/大纲/课件/授课/评估等），并通过"督导、同行、学生"综合评价体系进行考评；着力教材、精品课程和 MOOC（在线开放课程）建设，先后出版《制茶学》《茶学概论》《茶的综合利用》等规划教材 9 部及《中国茶道·礼仪之道》等专著 5 部，"中国茶道""中华茶礼仪"分别获批国家级、省级精品在线开放课程及中国大学 MOOC（在线开放课程），"茶叶审评与检验实验课"获批省级线下一流课程。

（4）强化教学方法改革与教学过程管理。积极推进交互式、讨论式的 MOOC（在线开放课程）＋课堂和 MOOC（在线开放课程）＋现场教学，突出课程教学与思政教育、理论与实操的有机结合；实践课程实行双线制度，毕业论文严格执行开题、中期检查、查重、答辩及"二次答辩"制度，深受同行好评。

（五）人才培养质量

（1）办学六十余年，桃李满天下。累计培养了全日制本科生 2916 人，其中包括中国外文局局长杜占元、中国工程院院士刘仲华、湘茶集团董事长周重旺以及美国总统青年科学家奖得主贺正辉等优秀校友，广受业界赞誉。

（2）2017-2019 年共培养毕业生 198 名。获得各层次荣誉称号 286 人次、奖学金 123 人次，参加国家及省级制茶、评茶、茶艺等竞赛获奖 46 人次，获得"技术能手"等荣誉称号 14 人次以及"评茶员""茶艺师"等资格证书 132 人次，获得国家级、省级创新创业项目 8 项以及校级创新课题、协同创新中心开放课题等 91 项。

（3）毕业生一次性就业率达 98.48%。在 198 名毕业生中，69 人（占 34.85%）境内升学，5 人（占 2.52%）境外升学；121 人（占 61.11%）就业于茶叶或关联企业以及行政事业单位与科研院所；其余 3 人（占 1.52%）自主创业。

（4）调查与反馈表明，学生和教师对本专业人才培养质量的满意度超过 93%，95% 以上用人单位认为本专业毕业生爱岗敬业，能够吃苦耐劳，同时对其分析和解决问题的能力尤其是对液相、气相、原子吸收等高、尖、先仪器设备的应用能力予以充分肯定，一致认为人才质量位居同行前列。

（六）推进专业建设和改革的主要思路及举措

（1）高强度推进一流专业建设。以"安吉共识"精神为指导，以提升人才培养质量为中心，以课程体系建设和教育教学方法改革为主线，集聚各方资源，促进学研产深度融合；同时拟投入 3000 万元，对办学条件、办学模式、人才培养方案、师资队伍、实践基地、思政教育基地、创新创业训练基地、专业奖学金、教育教学管理制度、质量考核评估机制等环节进行高强度建设，着力推进"茶叶加工学""茶叶审评与检验""茶树病虫害防治""茶树栽培与育种学""茶叶深加工与综合利用"等精品课程与MOOC（在线开放课程）建设，全力打造专业品牌特色和核心竞争力。

（2）高质量实施新农科形势下茶学专业改造提升改革与实践。以实施前述以茶学专业作为试点专业之一的两个国家级教改项目为契机，根据新农科对茶学本科人才知识和能力的要求，采用"平台＋模块"和校所"互利双赢"的科教协同育人方式，改造专业人才培养体系；同时结合现代生物、信息、工程技术，及时更新教学内容和教学方法，促进"理论与实操"和"线上与线下"有机融合，创建科教协同育人模式和长效机制，提升专业特色优势。力争通过 4 年的改革与实践，研制出具有新农科一流专业水准并基于"平台＋模块"和"科教协同育人"的茶学人才培养方案，创制出基于"课程教学与思政教育""理论与实操""教师引导与学生自主"三结合的 MOOC（在线开放课程）＋课堂或 MOOC（在线开放课程）＋现场的交互式、讨论式教学方法。

（3）积极推进国际联合培养。基于国家对外开放战略需求以及本专业在 2005－2009 年连续五年举办"茶叶深加工理论与技术"国际培训班的基础，积极探索与美国、荷兰、日本等国外高等农林大学开展学生专业游学计划、本科交换生计划、联合培养计划等人才培养交流合作的平台及机制。

（4）切实做好专业认证工作。按照专业认证的核心理念和质量标准，自查自纠，并组织专人，认真梳理、填报相关材料，做到早谋划、早准备、早安排，切实做好专业认证工作，稳步推进专业的高质量建设。

四、植物保护专业

（一）植物保护专业简介

（1）专业定位。基于湖南农大建设高水平教学研究型大学的办学定位，我校植保专业立足湖南，面向全国，坚持"立德树人，强农兴农"理念，服务"三农"，构建符合新农科、新植保发展需求的人才培养体系，建设地区特色鲜明的国家一流本科专业。

（2）历史沿革。1951 年设立植物保护专业，1984、1986 年分别获昆虫学、植物病理学硕士学位授予权，2000 年获植物病理学博士学位授予权，2006 年获植物保护一级学科博士点，2007 年建植物保护博士后流动站。2001 年为省重点专业，2007 年批准为国家特色专业，2014 年首批拔尖创新卓越农林人才试点专业，2019 年批准为湖南省一流本科专业建设点。

（3）特色优势。著名老一辈科学家李凤荪、陈常铭、陈寅等曾在本专业任教。人才培养成效显著，培养了中国科学院院士 1 人（谢道昕）、美国昆虫学会会士 1 人（刘树生）、国家千人 2 人（周集中、王国梁）、长江学者 4 人（张健、王国梁、谢道昕、张正光）、国家杰青 7 人（张健、王国梁、谢道昕、黄荣峰、张友军、张正光、肖仕）等优秀人才。实践教学、创新创业教育特色鲜明。组建了实践教学体系，成立了湖南省创新创业教育中心和教育基地各 1 个。

（二）专业综合改革的主要举措和成效

（1）人才培养方案的完善与创新。为了适应新时代发展的需要，以拔尖创新型卓越农林人才试点项目为契机，先后于 2010、2014、2017 年 3 次修订人才培养方案，对植物保护专业实行"因材施教、分类培养"。2019 年基于"智慧农业"发展前景，开始试行"精准植保"方向的人才培养方案。

（2）课程体系与教学资源信息化建设。对湖南省及全国植物保护领域充分调研的基础上，围绕乡村振兴战略的指导思想，抓住专业化统防统治、智慧农业对植保人才需求等契机，优化课程设置与实践比例。教学内容方面，除介绍传统的病虫草药四个领域的基础知识和专业技能外，强调新农科的建设与发展、进一步强化智慧农业、现代植保技术、生命科学领域最新发展动态等内容的教学，促进学生在创新性与前沿性方面的认识和思维提升。对专业核心课程，采取负责人竞聘上岗、团队授课、新老交替等模式。王星教授领衔《普通昆虫学》课程获得 2016 年湖南省信息化教学竞赛三等奖。基层组织开展教学研讨会，交流当前智慧教学软件"雨课堂""学习通"等的教学经验。课程与教材建设取得了新成效，教师主编、参编全国规划教材 12 部，"农业昆虫学" 2018 年获批湖南省优秀在线网络课程建设项目，"普通昆虫学"被认定为 2019 年度湖南省级一流本科线下课程（省级金课）。

（3）教学条件持续改善。学院有独立的 16 教学楼，教学和科研用房 11000 平方米。中央财政、湖南省和学校每年提供 300 万元用于植物保护品牌特色专业建设，新增创新性实验项目 10 个，改进实验项目 13 个，实验项目开出率为 100%。

（4）学生培养质量不断提高，服务三农意识增强。强调专业思政和课程思政，加大实践课堂学时比例，增强了学生服务"三农"的意识和本领。本科生在学习、创新创业大赛中成绩优异，获国家级特等奖、一等奖及省级一等奖等 10 余项，提升了学生的专业自信。2017－2020 年考研录取率分别为 28.6％、36.9％、44.7％、56.3％，越来越多的同学愿意在植保领域继续深造，保送或考取到中国农科院、中国农业大学、浙江大学、南京农业大学等及本校的研究生。部分优秀毕业生扎根基层，为脱贫攻坚和乡村振兴奉献力量，如 2019 年曾润娥担任新疆和田县英阿瓦提乡巴什加格勒格村支部副书记，负责党建和扶贫工作；段伟鹏、于丽含等成了农村特岗教师，冯静被列为志愿服务西部计划（西藏）。

（三）加强师资队伍和基层教学组织建设的主要举措及成效

（1）精准引进优秀青年人才。根据课程团队与科研团队的发展需求，近 3 年引进 6 位优秀博士，皆为校"神农学者"青年英才第一层次人才，其中潘浪聘为教授，邱林等聘为副教授。学缘结构得到改善，具有外校学缘教师比例达 78.3％。

（2）开展对外交流，加强对中青年教师的培养。有 17 位中青年教师通过申请国家留学基金、项目资助等形式到国外交流，占专任教师的 40％。通过科技特派员、"三区"科技人才等形式，增强教师服务"三农"的能力。

（3）柔性引进顶尖人才。先后引进芙蓉学者特聘教授 1 人，神农学者讲座教授 5 人，海外名师 2 人；2018 年聘请陈剑平院士为我校"双聘院士"。柔性引进领域顶尖人才，开设专题讲座，指导青年教师，开拓师生的国际视野。

（4）加强合作，外聘教师协同培养。与中国科学院、中国农科院等合作，聘请知名专家为兼职教师，协同培养拔尖创新人才。2020 年与深圳基因组研究所、华大集团等深度合作，拓展新领域人才培养。

（5）发挥基层教学组织的战斗堡垒作用。推进基层教学组织的"双带头人"建设，加强课程思政建设，提高基层组织凝聚力，教师政治素养得到进一步提升，未出现师德师风失范和学术不端行为，在立德树人方面起到良好的示范作用。

（四）加强专业教学质量保障体系建设

（1）加强教学团队和核心课程建设。根据学院党政联席会精神，再次确立了依据学科设立教学基层组织（植物病理学系、昆虫学系和农药学系）的原则，分别设立了 5 门专业核心课程的课程群，着重开展教学团队的建设。目前已实现"普通昆虫学"列入了 2019 年湖南省级一流课程。

（2）建立完善的教学质量评价体系，确保教学效果。构建以学生评教、学生学风督导、教学督导、责任教师、教学团队和学工队伍等为主体的多重质量监控手段。学院教学督导高必达教授，督导并及时反馈给任课教师，尤其是对新进的青年教师，每学期听课 20 节次以上。

（3）注重实践教学效果，提高学生创新创业能力。专业课程教学实习、大田生产实习、毕业综合实习等实践教学环节穿插在 1~8 学期，以第 6~7 学期的综合实习比重最大。鼓励优秀学生加入学院各科研团队，申报创新创业项目。开辟学生"第二课堂"，组织"蝶韵"文化艺术节系列活动，参与"创青春"系列竞赛、校企合作育人等形式多样的实践模式。

（4）建立教学质量监控体系。结合毕业校友、用人单位、综合实习企业、校外教学实习基地、校企联合培养等校外教学效果反馈，强化了校内外结合的"过程跟踪效果反馈"教学质量监控体系。

（五）人才培养质量

（1）应届毕业生工作意向和对学院教学意见的调查。对 2019 届毕业生进行问卷与座谈，发现求职地域主要分布为：沿海城市 30%，其他省会城市 25%，长沙市 19%；就业意向主要分布为：国有企业 32%，国家机关 21%，学校 32%。毕业生对课程设置、教师教学质量的满意率为 83.6%，其中对教师课堂教学质量满意率最高，为 90.2%。希望学院继续强化实践环节、调动学生的学习积极性、让学生更好地融入田间课堂。

（2）用人单位对我院毕业生满意度的调查。被调查的用人单位主要以企业、机关、科研和教学为主。对学院毕业生的思想素质较为认可，整体评价满意度高达 96.5%；对文化素质满意程度为 92%；对业务素质的满意程度为 97.5%，其中专业实践动手能力满意程度为 93%，创新能力的满意程度为 88%；对身心素质的满意程度为 86.9%，心理承受能力和情绪调试能力的满意率为 92%。对学院的意见及建议：①延长实习时间，提前发放三方协议书；②加强学生的实践能力的训练，组织团体的活动培养团队合作的意识；③训练学生的沟通技巧；④提早让学生走入企业，更好地了解专业前景。

（六）推进专业建设和改革的主要思路及举措

（1）根据社会需求和行业发展，动态优化人才培养方案。围绕"智慧农业"，完善"精准植保"方向的人才培养方案，主动适应社会和行业新需求。围绕新时代乡村振兴战略，以现代科学技术来改造提升传统的植物保护专业，实施新农科建设，使教学内容更紧密结合学科发展，教学效果更适应社会和行业的需求。

（2）开展专业思政和课程思政，培养"一懂两爱"的现代农业人才。坚持"立德树人为根本，强农兴农为己任"的理念，加大课程思政教学改革研究和实践的力度，通过教学基层组织的"双带头人"引领作用，积极探索课程思政的新方法，提升课程思政效果。2020年黄国华教授主持的"'普通昆虫学'课程思政教学改革研究与实践"项目得到湖南省教育厅的资助。

（3）进一步加强教学团队和核心课程的建设。加大"普通昆虫学"省级金课的建设，争取成为国家级金课。实施专业课程体系工程，积极建设"农业植物病理学"课程，争取获批省级金课。加大对青年教师的培养，争取3~5年实现省级教学名师和省级教学成果一等奖的突破。

（4）扩大对外交流，提高科研水平，科研反哺教学。加强学术交流，扩大与国内外科研院所的合作，提升教师的科研视野。争取每2年举办一次国内或国际学术交流会，扩大我校植保专业在国内外的知名度和影响。加快与国外高校的合作，争取能够互派留学生。督导督察不定期听课制度等督促教师对植保领域最前沿的理论知识、大田一线最急需的应用知识在本科教学过程中的引入，提供反馈和改进建议，加快推进专业内涵式、地区特色发展的进程。

（5）加大对专业建设、课程建设的投入。基于校内优势专业、省级一流本科专业的基础上，专业建设的投入力度，保障每年投入300万的建设经费，近期重点做好"精准植保"方向的改革、"普通昆虫学"省级金课的提升、新金课的筹备、植物病虫害绿色防控湖南省创新创业教育中心的实践课程建设等。

第三节　省级一流本科专业建设点

一、烟草专业

（一）烟草专业简介

（1）历史沿革。1993年开始招收烟草专科生，2005年由教育部批准设置烟草专业，2008 年开始招收烟草专业本科生。在设置本科烟草专业之前，已于 2003 年成功申报了烟草学博士点和硕士点，为全国第一个烟草博士学位点。目前已形成烟草学本科、硕士、博士完整培养体系。

（2）专业定位。烟草在国民经济中占有十分重要的地位，湖南的两烟均居全国前列。烟草行业的稳定和持续发展，需要一定数量的人才支撑。烟草专业是湖南农业大学的特色优势专业，根据烟草行业的发展需求，立足湖南，面向全国，培养能适应现代烟草农业和中式卷烟发展需求，具备烟草栽培、烟草调制、烟草分级、烟草化学、烟草育种、烟草品质分析与评价等方面的基本知识、基本理论、专业技能，能在国内外烟草行业及相关部门从事生产与经营、研究开发与教学、技术推广与服务、管理与决策等工作的复合型人才。烟草学专业发展定位为国内一流专业。

（3）特色优势。与国内同类专业比较，本专业先有学科后有专业，办学基础扎实，学科底蕴雄厚，科研水平国内领先。本专业拥有全国优秀教师、享受国家特殊津贴的教师，湖南省教学名师，湖湘人物等品牌教学资源，以特色优质烟叶生产、现代烟草农业建设以及烟叶生产管理为突出优势和特色，旨在强化学生的实践能力培养和创新能力训练，从而全面提高本科教育质量，建成了国内影响力巨大的特色专业。

（二）专业综合改革的主要举措和成效

（1）培养模式改革：本专业按人才培养的定位差异构建创新型、创业型分类培养模式。建立了基于校内导师-班主任-校外合作单位三位一体的学生综合实践学习四年不断线的全新人才培养模式、与国内一流烟草企业共同建立的长期产学研人才培养基地以及校企联合培养人才的新机制，其中与湖南中烟工业有限责任公司及湖南省烟草公司共建的联合培养基地被认定为湖南农业大学本科教学优秀实习基地。

（2）课程体系改革：2017-2018 年对本专业的课题体系进行了完善和补充，优化了原有课程体系，解决了公共必修课多、学时多、内容重复等问题，丰富了专业基础课内容，加强了专业主干课和选修课针对性，及时更新了行业有关最新进展内容。同时，增加了创新创业教育类课程和实践性教学环节。

（3）教学团队建设：根据企业的实际情况和社会经济发展对人才的需求，共同完善创新型、创业型人才培养的教学目标和培养方案。与湖南/

云南/广西/重庆/江苏/浙江中烟工业有限责任公司、湖南省/贵州省/云南省烟草公司、长沙市烟草公司、湘西州烟草公司等国内知名烟草企业建立了校企联合培养人才的新机制，以满足行业产业对应用型高技术人才的需求。充分利用与企业的合作，本着校企双方共建的原则，校企双方分别派14人，组成了相对稳定的师资队伍，其中，具有正高级职称人员6人，副高级职称的人员11人。采用学术委员会指导下的"学校导师＋基地导师"双导师负责制的培养管理模式，学生实习期间，双方派人共同参与本专业学生的实践指导。

（4）教学资源建设与教学方法和手段改革：进一步加强了核心课程适合的教学方法和手段的研究，对"烟草栽培学""烟草育种学""烟草调制学"和"烟草栽培生理"等核心课程实施了探索启发式、讨论式、辩论式、现场式、混合式教学方式，开辟"全方位开放课堂"，有效实施了理论与实践紧密结合的教学方法，显著提高了学生学习的积极性，受到学生的一致好评。进一步加强了实践教学资源建设，先后编写了《烟草品质分析手册》《烟草田间试验手册》为创新型人才培养提供了丰富的教学资源。同时，探索了教学方法和手段改革，已完成专业必修课程"烟草栽培生理"课程的网络课程和SPOC课程（专属在线课程）建设，编写了课程教学质量标准，并利用网络试行了两年的混合式教学，线上线下结合教学，相关工作目前已经开展并已取得初步成效。

（5）实践教学环节改革：按创新型、创业型人才培养的要求，设置实践环节，为强化基础实践、优化综合实习和科研实训，进行实践技能分类培养，系里组织本专业学生在第六个学期参加学院组织的为期5个多月"双师两基三阶段"实践体系的综合实习，学生们结合导师的科研项目，带着项目直接下到烟区开展实习，边实习边科研，边读书边实践，充分提高了学生的综合实践技能和解决问题的能力。

（6）质量评价体系改革：与湖南中烟工业有限责任公司等企业联合建立本科生科研训练的长效机制和实训基地，对农科类大学生进行专业技能强化训练和综合素质的全面培养。同时，把创新人才培养与科技开发、毕业生到合作企业就业三者相结合，积极推动了大学生开展科研训练和创业活动，建立动态的科学评价体系。

（三）师资队伍和基层教学组织建设的主要举措及成效

（1）师资队伍建设成效显著。与国内同类专业比较，本专业先有学科后有专业，办学基础扎实，学科底蕴雄厚，科研水平国内领先。本专业拥有全国优秀教师、享受国家特殊津贴的教师、湖南省教学名师，湖湘人物等品牌教学资源，以特色优质烟叶生产、现代烟草农业建设以及烟叶生产管理为突出优势和特色，旨在强化学生的实践能力培养和创新能力训练，从而全面提高本科教育质量，建成了国内影响力巨大的特色专业。专业教师获"全国优秀教师""享受国家特殊津贴的教师""湖南省教学名师""湖湘人物"等荣誉称号。为了促进教师成长，提高教学团队整体水平，本专业率先实行"三位一体"团队建设，将教师按其专业特长归位作物栽培学与耕作学、作物遗传育种等团队，实现教学、科研和社会服务的"三位一体"，让教师的教学工作、科技创新和社会服务统筹兼顾，既为教师个人发展确定了明确方向，又有效地提高了团队教学水平、科技创新能力和社会服务实力，为烟草专业教学团队的持续发展提供了动力和后劲。

（2）基层教学组织建设。加大选派青年教师深入基地参加科研实践的力度，积极吸纳具有丰富实践经验的高级专业技术人员加盟实践教学，实行校企人员互派，构建具有多层次、多类别的教师队伍，充分利用校企合作优势，打造一支校内外教师相互融合的高水平实践教学师资队伍。定期举行教学内容和方法的研讨，讨论教学问题，提出解决途径；要求新进的老师或新担任主讲的老师要举行教学公开课，促进其成长。实现了教学微观管理规范化、教学研究与教学研讨常态化、教学文件与教学档案管理科学化。烟草系被多次评为优秀教学基层组织。

（四）专业教学质量保障体系建设

理论教学的内容、方法和手段与时俱进。更新教育教学理念，对"烟草栽培生理""烟草育种学""烟草调制学"等核心课程实施了探索启发式、讨论式、辩论式、现场式、混合式教学方式，开辟"全方位开放课堂"，有效实施了理论与实践紧密结合的教学方法，显著提高了学生学习的积极性，受到学生的一致好评。同时，探索了教学方法和手段改革，已完成专业必修课程"烟草栽培生理"课程的网络课程和SPOC课程（小规模限制性在线课程）建设，编写了课程教学质量标准，并利用网络试行了两年的混合式教学，线上线下结合教学。

实践教学与理论教学相结合，打造专业技能、科技创新和素质拓展三位一体的培养模式。一是先后编写了《烟草品质分析手册》《烟草田间试验手册》，为创业新人才培养提供了丰富的教学资源。二是实行本科生导师制，大学四年学习中全程参与导师课题组的科研研究，也成为研究生招生的重要生源。三是采取"3+1"（学校3年、校外基地1年）校企合作的双导师制度培养机制，根据相关企业的需求实行订单式培养。

（五）人才培养质量

烟草专业近三年平均就业率达85.73%，其中考研率为62.24%，考取中国农业大学、中国农业科学院、南京农业大学、华中农业大学等农业院校或研究所的比率高达91.3%；其他直接就业同学有近90%选择在湖南中烟、云南中烟、福建中烟、湖南省烟草公司等烟草工业和商业公司从事与专业相关工作，数据充分说明本专业毕业生对专业的认可度高。每年学院通过调查问卷、现场考察等形式对烟草专业毕业生进行抽样跟踪调查。有超90%的毕业生对目前就业情况感到满意，认为能在现在岗位发挥自己的才能。说明专业设置、课程设置合理，符合现在市场需求。学院每年亦对重点用人单位进行了调查回访，整体而言用人单位对烟草专业毕业生评价较高，特别是对于专业知识、专业技能、实践能力、合作精神，发展潜力等满意度达95%以上。因工作能力突出，部分烟草专业毕业生得到用人单位的重用。比如：2013级烟草一班陆元，毕业后签约张家界市烟草公司，工作后踏实肯干，专业知识扎实得到公司高度评价，现已是桑植县烟草公司烟叶分部主任。

（六）推进专业建设和改革的主要思路及举措

为了进一步提高人才培养质量，以立德树人为根本任务，把人才培养质量作为检验新农科建设的根本标准，培育具有"三农"情怀、开拓精神、实践能力、世界眼光的创新型、复合型、应用型高中端人才。推进烟草专业建设，我们将以烟草行业发展对人才的需求为标准，按照专业人才培养目标总要求，丰富和提升专业内涵，以"课堂教学提质、实践教学提档、素质教育提量"为手段，全面提高学生的综合素质。稳定招生规模为2个教学班/年，在本科生导师制的基础上推行本科全程导师制，建设国内领先的烟草品质分析实验室，建设在国内具有较大影响力的教学科研团队，编写1~3本国家规划教材，争取主办或协办1次以上省级以上烟草教学研讨专业会议。通过 5 年左右的努力，把本专业建设成为管理制度完善、师资力量雄厚、课程体系合理、实训条件先进、教学水平和质量高、学生综合素质高、具有鲜明特色的国内一流专业。拟着手在以下几个方面推进专业建设和改革：

（1）立德树人，推进新农科建设。主要任务：坚持将立德树人贯穿于学校人才培养的全过程，瞄准培养社会主义合格建设者和可靠接班人这一根本目标，把社会主义核心价值观教育融入人才培养全过程，构建农科教学新模式，完善人才培养体系。主要措施：①把思政课落实到位，思政课是立德树人根本任务的关键课程，②把推进大学生思政课建设作为一项重要工程，推动思政课建设内涵式发展。③把世界农业史、大国三农以及农业伦理等内容作为学生的核心课程，以此提升学生对农业的认识和热爱。④建设高水平、现代化的教学科研基地，推进农科教的深度融合，培养知农爱农的新型农业人才。

（2）师资和教学队伍建设。主要任务：建设一支教学方向明确、科研成效大、博士学位比例 80% 以上、以中青年教师为主的 15 人左右的专业教学团队。主要措施：①引进青年教师（高水平博士）3～6 名，加强在职教师的培训和提高，优化师资队伍结构，提高教学团队整体水平；②为青年教师配备指导老师，全面提升青年教师的教学、科研能力和水平；③积极培养学术领军人才，力争实现"杰青"或"优青"的突破。

（3）全面推进专业综合改革。主要任务：全面开展专业综合改革，构建基于分类培养的课程体系、实践教学体系和素质拓展体系，组建两类培养模式专业核心课程和实践教学团队。主要措施：①进一步完善基于分类培养的人才培养方案；②根据创新型、创业型人才培养目标的要求，更新教育教学理念，优化课程体系和实践教学体系；③根据创新型、创业型人才培养目标的要求建设配套教材，组织编写"十四五"国家级规划教材1～3 部；④加强课程资源建设，提高多媒体课程比例和课件质量，强化教学资源的共享，建设精品课程或优秀网络课程 1～3 门。

（4）实验室建设。主要任务：在充分利用学院本科实验教学中心、烟草科学与健康重点实验室、中国烟草中南试验站等平台现有资源的基础上，进一步加强专业特色实验室建设，保证实验开出率达到 100%，不断提高"三性"实验开出比率。主要措施：①进一步加强本科实验教学中心的专业特色实验室建设，更新实验室设备设施，提高实验仪器设备利用率；②完善烟草品质检测实验室，添置烟草品质及分析相关仪器设备；③完善烟草种质资源库，添置烟草种质资源保存设备，并加强烟草种质资源的引进。

（5）校内外实习基地建设。主要任务：加强校内耘园、作物标本园、浏阳基地建设，推进各大烟草工业公司和商业公司工商研合作人才培养基地的建设与利用，加强宁乡、浏阳、花垣等校外实习基地的建设与应用，进一步拓展校外实习基地。主要措施：①根据本专业实践教学要求，加强校内烟草本科基地建设（50亩），保障学习实习用地；②加强校外合作共建基地建设，保证本专业"双师两基三阶段"综合实习的各种需求，切实提高实习教学效果；③推进湖南省烟草公司合作人才培养基地建设，将其建设成为省内一流的大学生校外实践教育基地；④进一步加强校外实习实践基地建设，新建设校外实习基地2~3个。

（6）创新创业能力培养。主要任务：加强全程导师制的实施管理，全面提升学生创新创业能力。主要措施：①实行全程本科生导师制，实现导师对学生的全程指导：新生入学适应与学业规划指导、学习指导、生活指导、心理疏导、创新能力训练指导、就业创业指导；②发挥本专业教师科研项目多的优势，将实验课程、教学实习、毕业论文与科研有机结合，培养和提高学生专业技能和创新能力；③加强学生素质拓展教育，在导师指导下鼓励学生积极申报国家级、省级、校级创新项目，全面培养和提升学生创新能力；④本专业采用学术型、应用型人才分类培养模式，其中学术型人才培养采取"课程学习＋科研实训"校内导师全程指导培养机制，依靠校内导师及其团队、校内科研创新平台相关科研项目进行；应用型人才培养采取"3＋1"（学校3年、校外基地1年）校企合作的双导师制度培养机制，根据相关企业需求实行订单式培养。

二、种子科学与工程专业

（一）种子科学与工程专业简介

（1）专业定位。种子科学与工程专业是湖南农业大学的传统优势专业，根据产业发展需求，立足湖南，面向全国，培养能适应现代种业发展，具备作物生产、种子生产与经营管理、种子质量检验、种子贮藏加工、现代生物技术等方面的基本知识、基本理论、专业技能，能在国内外农业及相关部门从事生产与经营、研究开发与教学、技术推广与服务等工作的复合型人才。种子科学与工程专业发展定位为国内一流专业。

（2）历史沿革。设置本科专业之前，我校 20 世纪 80 年代在农学专业开设种子学课程，2003 年获得种子科学与技术硕士和博士学位授予权，为顺应作物种子科学和产业的迅猛发展，2006 年申请并获批种子科学与工程本科专业。目前已形成本科、硕士、博士完整培养体系。2016 年被列为校级综合改革专业。

（3）特色优势。本专业依托的作物学科为国家级重点学科、一级学科博士点。针对南方主要大田作物种类和多熟制生产需要，在水稻、油菜等作物的种质资源挖掘与利用、种子机械化生产、种子质量提升等方面具有突出优势和特色；长期坚持产学研结合的人才培养模式，强化学生的实践能力培养和创新能力训练，全面提高本科教育质量，近三年升学率达54.2％，就业率达 100％。

（二）专业综合改革的主要举措和成效

（1）人才培养模式改革。本专业按人才培养的定位差异构建创新型、创业型分类培养模式。创新型人才注重培养学生基础理论和科研素养，实施"导师＋团队"指导模式；创业型人才注重培养学生实践动手能力，实施"校内＋校外"双导师制。

（2）课程体系改革。针对公共必修课多、学时多、内容重复等问题，对课程体系进行优化，丰富专业基础课内容，加强专业主干课和选修课针对性，及时更新行业最新进展内容。同时，增加了创新创业教育类课程和实践性教学环节。

（3）师资队伍建设。坚持选派青年教师深入基地参加科研实践制度，积极吸纳具有丰富实践经验的高级专业技术人员加盟实践教学，实行校企人员互派，构建具有多层次、多类别的教师队伍，充分利用校企合作优势，打造一支校内外教师相互融合的高水平实践教学师资队伍。近年来通过"内培外引，内外结合"等措施，引进了优秀博士 6 人，另聘请湖南隆平种业有限公司、国家杂交水稻工程技术研究中心等单位的高级技术人员为校外导师，形成了年龄和知识结构合理的师资队伍。现有专任教师 19人，其中高级职称 15 人，18 人具有博士学位；兼职教师 14 人。

（4）教学资源建设与教学方法和手段改革。主编《农学概论》，参编

《种子加工与贮藏》《农业推广学》等国家级规划教材。主编《现代作物学实践指导》《水稻种子活力测定技术手册》《作物学实验技术》《种子学实验与实践》等教材，为创业型人才培养提供了丰富的教学资源。对专业核心课程实施了探索辩论式、现场式教学方式，开辟了"全方位开放课堂"。"作物栽培与耕作学"被列为国家级资源共享课程，完成了专业必修课程"种子生物学"课程的网络课程和 SPOC 课程（小规模限制性在线课程）建设；"'互联网＋'现代农业"和"作物学综合实践"被列为湖南省一流课程，"杂交水稻种子生产基地综合实践"被列入了湖南省首批课程思政改革研究与实践项目。

（5）实践教学环节改革。建立了校内校外相结合的实践教学 4 年不断线人才培养模式、与国内大型企业共同建立了长期产学研人才培养基地以及校企联合培养人才的新机制，其中与湖南隆平种业共建的联合培养基地为学生在种子生产、加工、贮藏和营销等方面进行全方位的实训，2012 年被认定为湖南省本科教学优秀实习基地，2018 年被遴选为国家级农学类专业本科人才培养创新创业教育基地。

（三）师资队伍和基层教学组织建设

（1）师资队伍建设。专业教师中有"全国模范教师"1 人、"全国五一劳动奖章"获得者 1 人、"全国科技创新创业人才"1 人、"国家百千万工程人才"1 人，专业依托的作物学教师团队被评为"全国高校黄大年式教师团队"。本专业长期坚持实行"青年教师导师制"，促进了青年教师的快速成长，提高了教师团队整体水平，近三年青年教师中涌现出"湖南省121 创新人才"2 人、"湖南省青年芙蓉学者"1 人。

（2）基层教学组织建设。坚持教学基层组织例会制，每周四定期举行教学内容和方法的研讨，讨论教学问题，提出解决途径；坚持课程教学团队集体备课制，共同探讨教学内容、教学方法和教学手段的改革；坚持教学公开示范课、新开课和开新课试讲制，建立了教师业务档案和教学业务档案。实现了教学微观管理规范化、教学研究与教学研讨常态化、教学文件与教学档案管理科学化。种子科学与工程系被多次评为优秀教学基层组织。

（四）专业教学质量保障体系建设

（1）优化和提高教学条件。完善教学基层组织的硬件条件，配备与教学相关投影仪、打印机等，任课老师每人配齐一套适宜现代化教学的小设备。根据教学理念和课程知识构建的需要，新购或补充一批相关书籍用于提高教学水平。

（2）更新教育教学理念。一方面定期选送任课老师学习先进的教学理念，一方面对"种子生物学""种子生产学""作物育种学"等核心课程实施了探索混合式教学方式，开辟"全方位开放课堂"，有效实施了理论与实践紧密结合的教学方法。

（3）课程组和校院两级的听课制度。由课程负责人牵头，组织课程知识点编排，讲授技巧、方法，相互点评，相互提高。由督导老师、主管教学院长等校院两级的听课小组，不定期地对授课老师进行听课，发现问题、解决问题。

（4）老师和学生组成的评价制度。老师之间根据任课老师组织的授课知识点、教学手段、教学技巧等方面予以评价，作为教学基层组织进行教师评价的基础；学生根据自身在课程学习过程中的感受，给予老师评价，并提出不足和问题。

（五）人才培养质量

种子科学与工程专业近三年平均就业率达 100％，其中升学率为 54.2％；直接就业同学大部分选择在涉农企业和管理部门从事与专业相关工作，用人单位对学生满意度高。每年学院通过调查问卷、现场考察等形式对种子科学与工程专业毕业生进行抽样跟踪调查。有超 90％的毕业生对目前就业情况感到满意，认为能在现在岗位发挥自己的才能。说明专业设置、课程设置合理，符合现在市场需求。学院每年亦对重点用人单位进行了调查回访，用人单位对种子科学与工程专业毕业生评价较高，特别是对于专业知识、专业技能、实践能力、合作精神、发展潜力等满意度达 95％以上。部分学生研究生毕业后进入高校或省部级科研部门，成为单位科研骨干，如 2007 级刘烨，2008 级李元杰、余亚莹、肖姬玲等；部分学生已成为大型企业的中高层管理人员和业务骨干，如 2007 级陈秒、2008 级王力、2009 级李碧辉等；部分学生到边远贫困地区从事基层农技推广工作，成为当地脱贫攻坚和乡村振兴的骨干力量，如 2008 级史建成、舒志芬等；部分学生自主创业，事业有成，如 2007 级梁宝才，2008 级陈毅、刘捷湘等。

（六）推进专业建设和改革的主要思路及举措

面向新农业、新乡村、新农民、新生态发展新农科的"四个面向"新理念，我们以种子行业发展对人才的需求为标准，丰富和提升专业内涵，以"课堂教学提质、实践教学提档、素质教育提量"为手段，全面提高学生综合素质，潜移默化地对学生的思想意识、行为举止和专业素养产生影响。通过 5 年左右的努力，把本专业建设成为管理制度完善、师资力量雄厚、课程体系合理、实训条件先进、学生综合素质高、具有鲜明特色的国内一流专业。

（1）师资和教学队伍建设。①加强在职教师的培养和提高，培育在行业有影响力的专业和学科带头人 2~3 名；②为青年教师配备指导老师，全面提升青年教师教学、科研水平；③引进青年教师（高水平博士）4~8名，优化师资队伍结构，提高教学团队整体水平。

（2）全面推进专业综合改革。①根据创新型、创业型人才培养目标的要求，更新教育教学理念，优化课程体系和实践教学体系；②组织编写"十四五"国家级规划教材 1~3 部；③强化教学资源的共享，建设国家级、省级一流课程 3~5 门。

（3）实验室建设。①建设虚拟仿真实验教学平台；②改造提升种子分子生物学实验室；③完善种子加工大型设备校企共享平台；④申报省级重点实验室 1 个。

（4）校内外实习基地建设。①加强校内基地建设，完善作物标本园；②加强浏阳教学科研综合基地建设，保障"六边"综合实习，切实提高实习教学效果；③推进隆平种业有限公司农科教合作人才培养基地建设，将其建设成为省内一流的大学生校外实践教育基地；④新建校外实习基地1~2 个。

（5）创新创业能力培养。①导师指导鼓励学生积极申报国家级、省级创新项目，全面培养和提升学生创新能力；②学术型人才培养采取"课程学习＋科研实训"导师全程指导的培养机制，主要依靠导师及其团队、校内科研创新平台，结合教师科研项目进行；③应用型人才培养采取"3＋1"（学校 3 年、校外基地 1 年）校企合作的双导师制度培养机制。

第四节　一流专业建设行动

一、本科教育：砥砺深耕七十载

矗立于孕育了湖湘农耕文明湘江支流浏阳河畔的湖南农业大学，始终弘扬着这条英雄长河所蕴含"江海狂澜尽东倒，却输浏水尚能西"的敢为人先的湖湘精神，传承好红色基因，以党的"三农"政策为指引，以立德树人为根本，以强农兴农为己任，培育了一代又一代"勤耕重读"的莘莘学子。70年筚路蓝缕，70载砥砺深耕、薪火相传，从湖南农学院到湖南农业大学，学校已由一所单科性教学型农学院发展成为农学为主体、多学科协调协同发展的教学研究型大学。

（一）耕读传家，服务三农事业发展

70年风雨兼程，70载耕读不辍。办学伊始，学校历经了艰苦初创、探索实践、发展壮大的时期。九年三度迁徙，响应党和国家号召搬迁至农村，由东塘"戏子公山"来到"马坡岭下，浏阳河边"，躬耕农业生产一线，把教育教学与农业生产实际相结合，开展"亦耕亦读"教育。历经70年风雨，学校已发展成为拥有20个教学学院，1个独立学院，涵盖农、工、文、理、经、管、法、医、教、艺等10大门类，设有农学、茶学、园艺、动物医学等80个本科专业，具有鲜明农业特色的湖南省国内一流大学建设A类高校。

70年革故鼎新，70载薪火相传。湖南农业大学从历史深处走来，自创办本科教育以来，学校始终坚持为党育人、为国育才的初心和使命，扎根三湘大地办大学，服务"三农"，为"三农"事业和社会发展培养输送了近40万毕业生，走出了黑茶理论之父彭先泽、中国油菜之父官春云、柑橘院士邓秀新、辣椒院士邹学校、小麦院士赵振东等行业先驱，取得了一批重要教学科研成果，形成了优良的教学传统和深厚的农业底蕴，"朴诚、奋勉、求实、创新"的校训，成为湖南农大人的宝贵精神财富，"质量立校、学术兴校、人才强校"的办学理念，支撑和引领着湘农人为国为民事业不畏艰难险阻，前赴后继，砥砺前行。

乘风破浪潮头立，奋楫扬帆正当时。进入新时代以来，学校始终坚持社会主义办学方向，坚持以本为本，自觉担当科教强省、科教兴农的历史使命，坚持教育优先、农业农村优先，主动融入乡村振兴大局，聚焦现代农业发展需求，持续深化和丰富人才培养内涵建设，构建了以卓越农林人才培养为引领、以"基础教育＋专业教育＋素质拓展"为主体、以校企协同培养为特色、以辅修培养为补充的本科人才培养新格局，不断夯实学生在"希望的田野上"干事创业的能力，培养造就了一批又一批"懂农业，爱农村，爱农民""下得去、留得住、干得好"的高级专门人才。

（二）栉风沐雨，创新人才培养模式

耕读传家远，诗书续世长。长期以来，学校主动对接产业需求，深刻把握农林院校关于耕读教育基本内涵，以第一任湖南农学院院长李毅之老先生所提出的"贯彻理论与实践相结合，达到教、学、做合一"办学思想为引领，高扬"农业兴国"旗帜，以"突出优势、打造高峰"的标准不断创新人才培养模式，培育致力于"三农"发展人才，培养学生具备能够适应不断变化环境的能力以及发现解决问题的创造性方法的能力。一是以"三全育人"综合改革为支撑，制订了从书记、校长到普通员工的全员育人职责和制度体系，形成人人有责、个个尽责的"大思政"格局，以服务学生成长成才为宗旨，设计阶梯形、螺旋式动态上升的"四纵八横"主题教育矩阵，形成全过程育人的贯通效应，以"十大育人"体系为抓手，突出"农"字特色，形成全方位育人的立体结构；设立"大国三农"大讲坛，邀请县委书记进课堂与大学生进行面对面交流；与新华书店合作设立耕读书院，结合"湘农会讲"，邀请国内外行业大咖为学生分享农业未来前沿科技，促进学科交叉融合。二是以农科类特色专业为重点，探索卓越农林人才协同培养模式，实施导师制、小班化、个性化、国际化"一制三化"培养机制，在农学、园艺、茶学、植物保护等 4 个专业实施"3＋X"拔尖创新型人才培养；在动物科学、动物医学、动物药学、水产养殖学等4 个专业实施"2＋1＋X"复合应用型人才培养。"卓越农业人才培养研究与实践"获省级教学成果特等奖。三是以拓展校企深度合作为手段，探索全方位校企合作人才培养模式，相继在会计学、金融学、农学、农村区域发展、计算机科学与技术等专业开办国际注册会计师（ACCA）实验班、注册金融分析师（CFA）实验班、隆平实验班、春耕实验班、"互联网＋移动应用"实验班、深蓝实验班，从课程设置、课堂教学、实践指导、实习实训等方面与企业开展全方位深度合作。四是以省内专业优质资源共享为目的，在农学、园林、汽车服务工程和车辆工程等4个专业，与湖南生物机电职业技术学院、湖南汽车工程职业学院合作开展湖南省中等职业学校专业课教师"2+2"联合培养，即合作职校培养前两年，我校培养后两年。《涉农中职教师培训课程开发与教学改革协同创新的研究与实践》获国家级教学成果二等奖。五是以"农"为特色、以热门专业为依托，实施"浓乡型"职教师资订制培养模式，面向高职高专起点学生招生，开设教育班，在农学、动物科学、动物医学、园艺、园林、车辆工程、英语、食品科学与工程等专业共同培养职教师资。六是以加强复合型人才培养为导向，20世纪90年代末相继在英语、计算机科学与技术、日语、法学等专业实施辅修专业培养，在满足学生学习需求、拓展学生专业知识面等方面起到了积极作用。2014年起，分别在英语、金融学、会计学、农学、法学等5个专业开展辅修学位培养，推动了辅修专业向辅修学位转型。七是以培养乡村振兴紧缺人才为目标，实施特岗招生培养模式，面向农村基层农技、农机、水利等方向人才实行特岗招生计划，先后在农学、水利水电工程、农业机械化及其自动化等3个专业联合湖南省农业农村厅、水利厅等政府单位开展订单式培养。八是以培养国际化人才为补充，积极探索应用型人才国际化培养模式，加大优质教育资源的引进力度，全面提高办学层次和质量，先后在生物科学、环境科学、食品科学与工程、农林经济管理等4个专业实施中外合作本科项目，在土木工程、国际经济与贸易、计算机科学与技术等专业开展留学生培养。近年来，赴境外交流本科生324人，来校本科留学生达90人。九是以大学生学科竞赛为抓手，通过以赛促教、以赛促学，充分调动学生学习积极性和创造性，不断提升实践能力与创新精神，近10年来，学生在大学生各类竞赛中获省级、国家级奖励近2000项，参赛学生达3万余人次。"十三五"期间成绩更创新高，国家级、省级奖励年获奖数分别稳定在60项、220项左右。

（三）且行且歌，深化专业结构改革

七秩岁月，长歌奋进。学校专业建设历经坎坷、曲折，从1951年至1982年，专业结构基本上保持与农业生产结构同一模式，经过一系列调整，专业结构逐渐由偏重种植业向农业综合延伸发展；20世纪90年代明确将单科性专业发展逐步转换成以农学专业为主、综合多科协同发展的

"一主两翼"专业发展模式。2011年以来，学校持续推进专业改造和结构优化，进一步深化专业综合改革，加强专业规范化建设，出台《关于全面深化改革推进内涵发展的实施意见》，修订《湖南农业大学专业设置与调整管理办法》，明确按照"做精农科专业、做强理科专业、做大工科专业、做特文科专业"的发展思路，以专业内涵质量提升为核心，以品牌优势专业建设为重点，辐射带动其他专业发展，推动专业设置进一步向农业聚焦，加快建成行业和区域特色鲜明、农科优势突出、多学科协调发展的高水平教学研究型大学目标。历经长期办学经验积累和历史积淀，学校现有本科专业80个，其中农科和涉农专业54个，占全校总专业的67.5%。

70年来，为主动适应地方经济和社会发展对人才的需求，学校按照"稳定与优化农科、强化经管与理工科，扶持人文和社会科学""改造与提升传统专业，增设交叉学科和新兴学科专业"的专业建设思路，把准学科交叉融合趋势，瞄准现代农业发展趋势及产业结构重大调整，持续推进专业供给侧结构性改革，学科专业结构不断优化，办学水平不断提升。在本科专业建设中获批国家级特色专业6个、省级特色专业17个、国家级专业综合改革试点1个、省级专业综合改革试点7个、首批卓越农林人才教育培养计划改革试点专业8个、中外合作办学专业4个；在一流专业"双万计划"中，获批15个国家级一流专业建设点、20个省级一流专业建设点；21个专业实施大类招生；在湖南省普通高校本科专业综合评价中，计算机科学与技术专业和市场营销专业获A等评价。学校办学规模及招生人数稳步攀升，为湖南经济社会发展和乡村振兴战略的实施提供了稳定的人才动力泵和储备源。

（四）守正创新，完善课程体系建设

70年弹指一挥间，70载耕读相传。从办学初期学习苏联教学模式，采用苏联教学大纲和教材，到组织修订各专业教学计划、教学大纲和自编教材，湖南农业大学先辈学者们以务本崇实的精神，通过"以口相颂，以笔相传"方式推动了学校从无到有的课程与教材建设。进入新时代以来，学校明确了"树典型、强特色、求实效"整体思路，助推课程改革出成效。2010年以来，获评国家级各类课程12门，省级各类课程83门（含选题），新增校级在线开放课程253门，引进国家在线开放课程100余门次，3000余门课程教学资料全部上网。建设智慧教室18间，打造智慧教学平台，开展启发式、探究式、讨论式、参与式等线上线下混合式教学方法改革，推广慕课、微课、翻转课堂等教学新方法，提高课堂教学质量和学生自主学习能力。

出台《课程思政教育教学改革实施方案》，大力推广课程思政建设，深度挖掘课程中真善美思政教育元素，积极探索高等农业教育与思想政治教育深度融合的新路径、新范式、新举措，确保课程思政与专业教育无缝对接，让课程思政成为有情有义、有温度、有爱的教育过程。立项省级课程思政建设研究项目31项；微电影《待到黄桃成熟时》获第四届"我心中的思政课"全国大学生微电影展特等奖；《追寻青年毛泽东长沙红色足迹赓续中国共产党红色基因》获第十七届"挑战杯"全国大学生课外学术科技作品竞赛"红色专项活动"全国一等奖。

教材是人才培养的主要剧本，教材建设更是课程建设的重要内容，学校一贯重视教材建设工作。2011年以来学校多次修订完善《湖南农业大学教材建设与管理办法》，鼓励教师申报省部级以上规划教材和优秀教材评选，以编写"高质量、高级别、高档次"教材为导向，将教材编写纳入教师职称晋升、年度目标考核。历年来主编了《茶叶审评与检验》《园艺植物病理学》《分子生物学》《农业概论》《现代作物栽培学》等国家级规划教材近20本，获省部级以上优秀教材40多本，其中由陆松候、施兆鹏等老一辈专家编写出版《茶叶审评与检验》，现已出版到第五版，先后荣获"全国高等学校优秀教材""全国高等农业院校优秀教材""'十二五'普通高等教育本科国家级规划教材"等荣誉。为鼓励教师编写教材，学校每年设立教材资助专项基金，用于教师编写与出版教材资助，共资助300余万元。

（五）知行合一，推进实践教学提档

1982年学校提出实践教学整体改革思路，大力推进实践教学改革，重建并完善了实践教学体系，集中财力重点建设了一批教学急需实验室和实习实训基地。历年来，学校始终牢固树立实践育人理念，将基地建成教学实习园、科研试验园、科技推广示范园、现代农业旅游观光园等具有学校特色的现代化实践教学场所，实现基地设施现代化、品种良种化、栽培规范化、学科综合化、环境园林化，并采取形式多样，多点结合建设了320个校企合作产学研教学实习基地。进入新时代，学校持续开展实践、实验教学模式改革和课程体系改革，构建了以能力培养为主线，分层次、多模块、相互衔接的"四个结合，五大系统，六大模块"实践教学体系，并根据学生学习、综合应用与科研能力发展要求，全面强化大学生实践能力、创新能力培养，2008年起，立项大学生创新实验计划项目1733项，其中省级392项、国家级148项。

在实验室建设方面，学校通过不断改善实验教学条件，采用院、校、省、中央与地方共建等方式多渠道、多途径积极筹措资金，最大限度地争取机遇，逐步扩大实验室规模，改善实验教学条件。现有教学实验中心（室）24个，其中，国家实验教学示范中心2个，国家虚拟仿真实验教学中心1个，国家虚拟仿真实验教学项目1个。教学仪器设备总价值达3.56亿元，其中10万元以上仪器设备428台件；开设综合性、设计性实验项目的课程433门，占课程总数的69.5%；开设实验项目3480个。

以多元化、全方位方式着力提升学生实践能力、创新思维和科研素养，激发学生主动学习、积极参与科技创新活动热情。2011年以来，已先后举办"植物生物多样性科技创新实验技能大赛""植物生理生化实验技能大赛""首届全国大学生茶艺技能大赛""生物学实验技能大赛""温氏杯动物科学专业技能大赛""茶艺培训与表演""插花艺术展""全国大学生生泰尔杯动物专业技能大赛"等实践技能大赛。在"首届全国大学生茶艺技能大赛"中，荣获团体赛一等奖2项、二等奖1项，个人赛一等奖1项、二等奖2项、三等奖6项。

（六）步履坚实，探索教学改革实践

70年岁月沧桑，70载韶华易逝。湖南农学院从建院之初就明确了"培养大批理论与实践相结合的农业建设人才"的战略目标，为湖南农业教育的发展和人才培养做出了积极贡献。从实施学年、学时制，到推动教学内容、教学方法改革，到实行"半农半读"教育制度，到设立独立实践教学体系，再到完善教学管理制度、招生、专业、课程、教材、教师、教学质量监控、教学条件等方面实施了一系列教学改革举措，其改革成果屡获褒奖，11项改革成效获评国家级教学成果奖。

十二五以来，学校紧扣人才培养质量、专业办学水平、课程整体质量等方面提高，率先开展并实施"理论教学提质、实践教学提档、活动教育提量"本科教育"三提工程"，相继制订了《湖南农业大学本科教育教学改革实施方案》《湖南农业大学关于全面推进一流大学和一流学科建设的意见》《湖南农业大学一流本科教育提升行动计划》等文件，科学谋划了一流本科教育建设要求和方向。一是改革人才培养方案和课程教学大纲，于2013年、2017年分别开展了两次本科专业人才培养方案及课程教学大纲修订工作，科学构建了公共必修课程、专业必修课程、专业核心课程、集中性实践教学环节、专业选修课程、公共选修课程、素质拓展教育等7个相对独立且相互支撑的课程教学体系。二是稳步推动课程考核改革，形成了理论知识考核与实践能力考查相结合，课终与平时考核相结合，线上线下相结合，闭卷、半开卷、开卷相结合，笔试、口试、非标准答案考核等形式多样化的课程考核体系，并于2017年全面取消毕业前清考。三是聚焦优势全面推进供给侧结构性改革，按照教师跟着课程走、课程跟着专业走、专业跟着学科走、平台跟着学科走、学科跟着学院走的基本思路，进一步凝练队伍、明晰方向、突出特色，推进学科、专业、平台一体化建设，出台《湖南农业大学教学学院调整方案》，对学院和专业进行调整。撤销2个学院，新增3个学院，对7个本科专业归属进行了调整；取消2个专科专业招生，暂停5个本科专业招生。四是进一步深化教学改革成效，扩大改革成果覆盖面积，2010年以来，新增国家级教学成果奖1项，省级教学成果奖52项；新增各类教育教学研究项目1498项，其中国家级"四新"教改项目6项，教育部产学合作协同育人项目79项，省级教改项目329项。

（七）情怀如初，强化教学质量管理

"积力之所举，则无不胜也；众智之所为，则无不成也"。为全面提高教学质量和办学成效，落实本科教学工作中心地位，学校自1993年将教学管理与质量监控列入重要日程，出台和完善了一系列教学管理制度，组建了由离退休老同志为主的教学督导团，加强教学质量监控，坚持领导和教师进教室听课制度等举措，全方位促进教学质量提高。《建立和健全高校教学质量监控体系的研究与实践》论文2005年获国家级教学成果二等奖。

承典塑新，力行致远。多年来，学校始终以"学生中心、产出导向、持续改进"为原则，树立"一心替师生着想，一切为教学服务"的宗旨，围绕人才培养目标、人才培养过程，不断健全"决策、标准、监控、评价、反馈"五位一体的教学质量保障与监控体系。一是充分发挥基层教学组织在教学质量保障中的战斗堡垒作用，按专业、课程群、实践教学为基本单元设立 114 个基层教学组织，坚持教学研讨、集体备课、公开示范、教学竞赛、教学质量评价、基层教学组织评估等制度。2011 年以来共举办了 700 余次公开示范课，开展校级教师培训活动 150 余次，培训教师 8000 余人次，基层教学组织教学研讨年均 900 余次，教师参加省级以上各级各类教学竞赛 3500 余人次，获省级及以上奖励 131 人。二是构建"校－院－基层教学组织"三级教学质量监控体系，成立校、院两级教学督导，建立日常教学检查和专项检查、专项评估和综合评估相结合的教学质量监控与评估制度，落实督导评价、领导评价、同行评价、学生评价、教师自我评价，学生好评率持续上升，优良率达 95％以上。三是坚持开展日常教学秩序检查、试卷和毕业论文专项抽查工作，2011 年以来共组织各类大型教学秩序抽查 80 余次；开展试卷检查 18 次，抽检课程 1710 门次，抽检试卷 17100 份；开展毕业论文检查 15 次，抽检 72 个专业，53500 个学生毕业论文（设计）。四是强化本科教学状态数据分析与反馈机制，坚持质量信息公开及年度本科教学质量报告制度，并发布教学工作简报，2011 年以来，共发布 100 余期本科教学情况通报。通过质量标准与管理制度的系统化，教学监测与评估的常态化，全校上下"质量立校"观念深入人心，学生和社会满意度不断提升。五是通过以评促建、以评促改不断完善教学质量保障体系，2001 年、2008 年学校两次接受教育部本科教学工作水平评估均获得优秀；2019 年学校接受教育部本科教学评估专家考察，专家组对学校本科教学工作给予了充分肯定。

（八）踵事增华，培育崇朴尚实人才

七秩风华，初心如炬。学校始终坚持以人才培养为根本，按照"优势互补，资源共享，互助双赢"理念，不断创新学、研、产融合发展办学模式，形成了教学为科研和产业提供智力支撑，科研和产业为教学提供多样化资源的人才培养协同长效机制。一是教学、科研与生产劳动相结合，首创"双百"科技富民工程，打造教学、科研和服务社会的综合性平台，实现了学校、地方政府、基地、农民"多赢"，全国首批高等学校新农村发展研究院、国家及湖南省 2011 协同创新中心和湖南省乡村振兴战略研究院相继落户学校，产教融合全面转型升级，办学特色得到全方位凝练。二是积极构建"校－企－地"协同育人新模式，共建教育教学综合试验基地，实施人才共培计划，打造乡村振兴示范村，建设农业科技现代化现行县，为农学专业及涉农专业提供更优质的实践教学平台。

因时而进，因势而新。从初具雏形到构建以培养思想道德素质为核心，以培养创新精神和实践能力为重点"六求"活动教育体系，求真、求善、求美，拓展素质教育，求实、求特、求强，弘扬中华传统，实现活动教育、学科专业教育与思想政治教育相互交融、互相促进。一是以制度为支撑推进"六求"活动教育课程化、品牌化，近年来学校走访、调查1567家用人单位跟踪毕业生发展，用人单位对毕业生的思想素质、专业水平、敬业精神、协作能力、创新精神、实践能力等方面总体满意度为91.80%。二是实施项目化、学分化管理，与时俱进，优化遴选项目161个，"求真"项目42个，"求善"项目7个，"求美"项目35个，"求实"项目11个，"求特"项目5个，"求强"项目65个，并将素质活动教育纳入本科人才培养方案，设置4个学分。三是校园文化与学科专业融合不断加深，学科专业技能竞赛覆盖全校近80%专业，参与学生近万人次，动物医学技能竞赛、茶艺比赛、植物科学知识竞赛等引起教育行政部门和兄弟院校高度关注，演变成全省和全国性技能竞赛。

七秩华诞传薪火，桃李芬芳一路歌。学校坚决贯彻落实党的教育方针，扎根三湘大地办大学，为经济社会发展培养了一大批崇朴尚实的高素质人才。诸如联合国农机组织总干事屈冬玉，中国工程院院士官春云、邓秀新、邹学校、赵振东、刘仲华，中国科学院院士谢道昕，中国科学院生态环保中心主任欧阳志云，国家杰出青年科学基金和长江学者特聘教授孙传清，国家杰出青年科学基金刘爵、张友军、刘学军、金危危、张正光、汪洋等一批知名专家和科技人才；李常水、王先荣、石雪晖等一批带领农民脱贫致富的全国先进典型和劳模；周集中、王国梁、贺正辉等在国际知名高校工作的一批海外学子；唐岳、张跃文、周重旺、李卫国、廖翠猛等一批企业精英；有成百上千的毕业生走上了省、市、县领导岗位，更有成千上万的湘农学子走上了农业科技推广岗位。

70年艰苦创业，70载接续奋斗。站在新的历史起点上，湖南农业大学将以习近平新时代中国特色社会主义思想为指引，以党的政治建设为统领，坚持社会主义办学方向，贯彻省委"三高四新"战略部署，主动适应经济社会发展需求，主动服务乡村振兴战略，办好人民满意的教育，以全面建成"质量卓越、优势突出、特色鲜明"的国内一流农业大学为目标，共铸三湘农业辉煌！

二、一流本科教育提升行动计划

为进一步深化本科教育教学改革，湖南农业大学着力构建一流本科教育体系，推进"一流大学"建设，根据《教育部关于加快建设高水平本科教育全面提高人才培养能力的意见》（教高〔2018〕2号）及教育厅《关于加快建设高水平本科教育全面提高人才培养能力的实施意见》（湘教发〔2019〕35号）等文件要求，特制订本行动计划。

（一）指导思想和总体目标

（1）指导思想。以习近平新时代中国特色社会主义思想为指导，全面贯彻落实党的十九大精神，全面落实立德树人根本任务，以全国教育大会和全省教育大会精神、新时代高教40条为准绳，坚持"以本为本"，推进"四个回归"，准确把握高等教育基本规律和人才成长规律，激励学生刻苦读书学习，引导教师潜心教书育人，全面提高本科教育教学水平和人才培养质量，造就一大批堪当大任、敢于创新、勇于实践的高素质人才，努力培养德智体美劳全面发展的社会主义建设者和接班人。

（2）总体目标。到2024年，"四个回归"全面落实，人才培养中心地位和本科教学基础地位得以巩固；人才培养目标适应国家和区域经济发展需求；教师教学能力显著提升；专业布局科学合理、结构优化，课程建设迈上新台阶；专业与产业精准对接，产教融合育人机制完善，创新创业教育成效显著；生源数量充足，质量优良，创业能力强，就业质量高；现代信息技术与教学改革深度融合，课堂质量与教学成果凸显；内部质量保障体系健全，质量文化建设成效突出。形成以立德树人为根本任务的一流本科教育体系，建成具有国内先进水平的一流本科教育。

（二）实施学科专业提优工程，打造一流学科专业群

（1）完善专业动态调整。调整与完善学科专业归属，优化专业结构与布局，拓宽专业培养口径，完善并实施专业动态调整机制，实施专业增、撤、并、停。认真编制新一轮专业建设规划，建设面向未来、满足需求、引领发展、理念先进、保障有力的一流专业群。将专业总数控制在70个左右，招生专业总数控制在60个左右。

（2）深化专业内涵建设。以现代生物技术和人工智能提升农科类专

业，以人工智能科学和大数据技术提质理工科类专业，以乡村振兴理念提效人文社会科学类专业，推动新农科、新工科、新文科、理科全面发展，形成领跑示范效应。全面推进专业论证，强化专业综合评价，争取新农科、新工科、新文科和理科专业合格论证全部通过，二级认证达到25%～30%，三级论证达到10%～15%。实施一流本科专业建设计划，建设国家级一流专业5～10个、省级一流专业15～20个，校级一流专业30～35个。

（3）修订人才培养方案。以本科专业国家质量标准为依据，积极应对新时代对人才的多样化需求，主动对接行业产业需求和区域经济社会发展需要，合理调整专业办学定位和人才培养目标，修订新一轮专业人才培养方案。明晰专业办学目标及人才培养定位，构建通专融合、能力导向的"通识课程＋学科平台课程＋专业课程"的课程体系。注重学生知识面拓展及实践能力培训，选修课比重达到总学分的20%以上，文科类专业实践教学比重占总学分的15%以上、理工农医类专业实践教学比重占总学分的25%以上，生均占有课程数20%以上。进一步完善学分制，落实学分制，加强学分制管理。

（三）实施人才培养卓越工程，打造一流培育机制

（1）推进大类招生模式。积极适应高考综合改革需求，不断完善招生选拔机制，推动大类招生与人才培养的有效衔接。扎实推进专业类招生，逐步扩大至所有专业。以农科类专业为试点，探索按学科门类招生、管理试点，推进学科专业一体化建设。健全专业分流制度，进一步扩大学生专业选择自由度，推动教学资源共享，促进学科交叉融合发展。以植物生产类专业为试点，积极探索本－硕、本－硕－博人才培养模式，逐步向其他学科推广。

（2）创新产学融合模式。主动对接新技术、新产业、新业态、新战略，建立与用人单位紧密合作的教研一体，产学融合的培养模式。对标"农科认证"，实施科教融合、校校合作、国际合作的新农科人才培养模式；对标"工科认证"，实施产教融合、校企合作的新工科人才培养模式；对标"文科认证"，实施校政合作、校地合作的新文科人才培养模式。到2024年建设10个农科教合作人才培养基地，培育遴选产教融合示范企业20家左右，校地合作示范企业30家左右，培养产业教授（导师）50名左右。

（3）推行对外交流模式。主动服务国家和湖南省对外开放战略，积极对接"一带一路"建设需求，持续推进与国内外高水平大学开展联合培养。以生物科学、农林经济管理、食品科学与工程、环境科学四个中外合作办学项目为重点，逐步推广至一流学科专业。实施国内外学生交流计划，通过课程互认、学期交换、项目研究、实验室研修、实习等多种形式创新交流模式，加强与国内外知名高校、科研机构、企业等的实质性合作。国内外交流人数逐年增加，到 2024 年学生累计交流达到总人数的 2%。

（4）探索科技小院模式。以植物生产类专业试点，构建"教学、科研、实践、推广、服务"为一体的"科技小院"育人模式，探索教学沙龙与科学研究、创新思维、技术服务、创业体验相融合的人才培养新机制，培养科学家精神，塑造企业家素质，并逐步在研究型学院推行。到 2024 年，创设 3～5 个科技小院。

（5）拓展双创教育模式。以双创课程为基础、双创实践为重点、双创竞赛为抓手，构建双创教育协作网络，推动创新创业教育。加强创新创业教育平台建设，努力建设一批体现新时代要求、开放共享的专业类校内创新创业教育中心、校外创新创业教育基地、孵化示范基地。通过双创项目、指导帮扶、政策支持、双创竞赛、双创实践等方式吸引企业和社会组织等积极开展创新创业教育跨界、跨校、跨域合作。推行创新创业学分积累与转换制度，允许大学生用与其修读专业相关的创新创业成果申请毕业设计（论文）答辩。加大对大学生创新创业计划项目投入，到 2024 年国家级、省级项目位于湖南省属院校前五名，校级项目实现班级全覆盖，学生参与度达 50%以上，争创湖南省深化创新创业教育改革示范高校。

（四）实施教师发展提升工程，打造一流教学团队

（1）创建"务本"名师发展计划。围绕"以本为本、育人为本、以农为本、崇实务本"理念，进一步强化教师的教书育人理念，创建"务本"名师"1515"计划，培育校级名师 10 名、教学骨干 50 名、教学团队 15 个。完善教师教学荣誉体系，增设"教学卓越奖""最美教师"等奖项。到 2024 年培养国家级教学名师 1～2 名，省级优秀教师 3～5 名，省级芙蓉教学名师 5～8 名，省级优秀教育工作者 5～8 名，省级优秀教学团队 5～8 个。

（2）加强教师职业发展规划。充分发挥教师发展中心作用，建立科学、完善的教师教学能力发展机制。加强教师教育教学能力培训，提高教师课程教学和现代信息技术深度融合的能力。完善教师分类分型培养机制和教师职业生涯规划，建立教师教学成长档案；根据专业化、职业化标准，深化教师聘用、考核、评价、晋升、激励机制改革；加强青年教师培养，实施青年教师到企业或基层脱产锻炼 0.5～1 年制度或 2 年助教制度。到 2024 年，生师比不高于 17∶1。

（3）完善教师教学业绩评价。坚持把师德师风作为教师素质评价的第一标准，进一步强化教师是第一身份，教书是第一工作，上课是第一责任，育人是第一要务的理念。统筹建立本科教学工作量、教学质量以及其他教学业绩的评价体系，加大教学业绩特别是教学质量在教师职称评聘、绩效考核和津贴分配中的作用。坚决落实教授必须为本科生授课制度，实施本科教学工作一票否决制。教学型学院、教学科研型学院、科研型学院职称评审需教学业绩比例分别为 80％、50％、20％左右，建立教学型高级职称评聘绿色通道。规范实验教学辅助人员岗位职责，统筹建立实验教学准备工作量、实验室管理、实验室运行、实验室安全以及其他实验教学业绩的评价体系，加强对实验教学辅助人员考核及职称评聘。

（五）实施课程教学提质工程，打造一流金课

（1）推进课程质量建设。遵循"高阶性、创造性、挑战度"标准，优化专业课程体系，建立健全课程质量标准，完善课程质量评估。以专业核心课程群建设为核心，凝练课程教学内容，实现课程知识点与学术前沿、行业标准、生产实践、最新成果等相融合；以实验项目改造升级为抓手，加强实验课建设与实验室标准化建设；强化课程组建设，实施通识课程（必修课）、学科平台课首席主讲教师制度；动态增加人工智能、大数据分析、现代生物技术、创新思维等前沿课程和大学语文、艺术品鉴等中华传统文化类课程，培养学生的科学素养、创新意识和人文情怀。到 2024 年，打造国家级金课 15 门、省级金课 50 门、校级金课 500 门。

（2）推动课堂教学革命。积极推进专业核心课程小班化、研讨式、翻转式教学，学科平台课大班授课小班辅导式教学；通识课程实施 MOOC（在线开放课程）、混合式教学，将启发式、讨论式、参与式、案例式、项目式、混合式等多种教学方法渗透到每一个课堂。到 2024 年，80％的农科

类专业、40％的涉农类专业和20％的其他类专业实现专业核心课程小班化教学，50％的通识课程开展混合式教学。

（3）打造一批精品教材。进一步落实教材建设管理办法，规范教材的编写、选择、使用及供应，鼓励和支持专业造诣高、教学经验丰富、科研水平高、社会服务能力强的专家教授编写高水平教材。加强教材研究，丰富教材呈现形式，充分发挥教材育人功能。到2024年，打造10本国家级规划教材、50本省部级精品教材、100本校级优秀教材。

（4）构建智慧教学空间。深入推进"互联网＋高等教育"，大力推动现代信息技术的应用，打造智慧课堂、智慧学习空间及智慧实验室，探索实施网络化、数字化、智能化、个性化的教育，形成人人皆学、处处能学、时时可学的泛在学习友好环境，触发教与学的"激活码"；充分利用高等教育云服务体系，加大慕课平台开放力度，推动教师用好慕课和各种数字化资源，实现优质教学资源的共建共享；建好学校数字化教学资源库、开放式在线课程教学平台，积极参与国内高校优质课程联盟和学分银行建设。到2024年，建设智慧型教室150间，将教学楼、图书馆打造成智慧型学习空间。

（六）实施学生全面发展工程，培养一流本科人才

（1）构建"大德育"育人体系。落实立德树人根本任务，完善思想政治教育体系，大力实施"湖南农业大学思想政治工作质量提升工程"，形成"三全育人"长效机制；大力推进习近平新时代中国特色社会主义思想进教材、进课堂、进头脑，把社会主义核心价值观教育融入教育教学全过程各环节，加强理想信念教育，厚植爱国主义情怀；加强思想政治理论课教学规范化、制度化建设，推进课程思政，根据不同专业人才培养特点和专业能力素质要求，科学合理设计思政教育内容、优秀文化元素，构建以思想政治教育课程为核心，以通识教育课程、学科平台课程与专业课程思政建设为辐射的课程思政新体系，形成专业素质教育与思想政治教学紧密结合、同向同行的育人格局。立项一批课程思政研究课题，树立一批课程思政人物典范。每年持续推进5～10门通识教育思政课程建设，10～15门专业教育思政课程建设，3～5门实践课程思政建设。每年选树10～15名课程思政优秀教师。

（2）创建"大品牌"育人模式。创新"六求"素质拓展活动教育体

系，推进第二课堂成绩单制度改革，加强第一课堂与第二课堂深度、有效结合，加强专业教育与素质拓展教育融合度。挖掘湘农"六求"育人活动内涵，凝练湘农"六求"育人活动特色，打造湘农"六求"育人活动精品；以丰泽公寓为试点，探索书院制教育模式，营造学生宿舍、食堂、广场等课外育人环境；系统推进校园文化建设，浓厚克强书院、校史馆、标本馆文化底蕴，建好农耕文化博物馆、湘农科学家事迹馆，营造湘农会讲、人文讲坛、科技论坛、修业学堂学术氛围，发挥"一院四馆"和"一会三讲"文化和学术育人作用，形成体系完整、主线贯通、重点突出的育人特色品牌。

（3）创立"大协同"培养机制。成立学生学业发展指导中心，统筹学生学业指导、学生成长引导、学生健康辅导等工作。落实领导干部深入基层联系学生及班级制度，构建辅导员、班主任、学业指导老师（导师）三位一体的全方位、全学程管理模式，引导学生提高品德修养、合理规划学业、扎实精通专业、理性对待就业、不断追求事业，促进学生健康成长与全面发展。加强体育、美育、劳动教育、国家安全教育和生态文明教育，广泛开展社会实践活动，培养并提升学生综合素质。到2024年，本科生发表论文数、获批专利数、获省级及以上学科竞赛奖按1%～2%逐年提高，农科类、理工科类、文科类学生升造率分别达50%、40%、30%以上，高质量就业率达90%以上。

（4）健全"大评价"考核制度。构建能力与知识考核并重的多元化学业考核评价体系，严格学生学业过程管理，完善学生学习过程监测、考核与反馈机制，过程考核在课程成绩中的比重不低于30%；综合应用笔试、口试、非标准答案考试等多种形式，全面考核学生对知识的掌握及运用，每个专业至少有5～10门课程开展多形式考核试点；狠抓考风建设，严格考试纪律，规范学生学术行为，强化学生求实求真的学术态度和求善求美的生活态度的养成，凡学术不端者，采取开除学籍、留校察看至取消学位；强化学籍清理与学业预警机制，严把毕业生出口关。

（七）实施教学保障与建设工程，打造一流培养质量

（1）强化本科教育主体责任。坚持党对高校的全面领导，书记校长亲自抓本科教育工作，全面落实本科教育一把手工程。完善党政领导定期研究教学工作的会议制度，学校党委会和校长办公会要定期专题研究本科教

育教学工作，分管教学副校长要定期组织教学工作例会，学校定期召开本科教学工作会议。学院每学期定期召开教学工作会议，建立学院院长年度本科教学工作述职述评制度，强化人事、科研、资产、财务等职能部门对本科教育的支撑职能；强化教学基层组织负责人、专业带头人与党支部书记一体化建设，每周星期四下午安排教研活动或政治学习，充分发挥教学基层组织的整体功能。

（2）强化生源质量不断提高。贯彻落实学校党委行政关于确保招生生源质量会议精神，动员全校力量，认真做好招生工作。全方位加大招生宣传力度，实行招生宣传责任制，组织开展"校园开放日"活动；拍摄招生宣传片、改版设计招生简章、制作校园全景 VR（虚拟现实技术）要与时俱进、精益求精；制定吸引优质生源的配套政策，开拓省内优质生源基地并逐步向省外延伸。到 2024 年，确保文理科招生录取分数线位于省内同类院校前五名，建设省内优质生源基地 150 所、省外 50 所，力争超过学校控制线 30 分及以上生源数量达到 50%。

（3）强化质量管理体系建设。健全校内教学质量保障体系，完善校院两级质量管理体系，完善人才培养质量标准，明确教师、学生、管理人员职责，形成质量管理闭环体系；充分发挥校院两级学术委员会作用，负责审议人才培养方案、课程专业建设、评定教学成果、教学质量评价、教学建设与管理等重要事项，对教育改革和人才培养提出咨询建议；完善教学管理制度，强化课堂教学、实践教学规范化，加强对毕业设计（论文）的全过程管理，对形式、内容、难度进行严格监控，规范毕业论文（设计）的查重工作，提高毕业设计（论文）质量。

（4）强化教学质量目标考核。突出学生中心、产出导向、持续改进的质量管理理念，激发本科教育更好、更优、更卓越，形成以提高人才培养水平为核心的质量文化；健全学院本科教学工作考核机制，完善专业、课程和实验室建设评价制度；根据目标考核要求，将建设指标分年度分配到各教学单位，加强指导与督查，实现对专业、课程、教材、实验室（或基地）、学科竞赛、教学研究与改革等考核的全覆盖，把考核结果与资源配置结合起来，与奖惩制度结合起来，建立考核结果公示、约谈、整改、改进机制。完善在校生、毕业生和用人单位满意度调查，实现学生成长全程跟踪评价。

（5）强化管理队伍专业化水平。完善教学管理人员培训与考核制度，明确教学管理人员任职资格和岗位服务年限，建立教学管理人员轮训制度，量化考核标准，进一步提高教学管理人员的业务能力和服务水平。建立教学管理人员激励机制，将教学管理人员一部分纳入行政系列管理，一部分纳入其他系列职称教辅人员管理，建立两年一次的优秀教学管理人员评选制度，面向教学副院长、教务秘书、专业负责人、实验室负责人增设相应的奖项。

（6）强化管理服务支撑体系。提升教学管理信息化水平，为师生提供"一站式"便捷服务，推动教学管理的专业化、信息化、智能化。加大本科教育建设经费投入，增加本科教育在经费测算中的权重，增设一流本科教育专项建设经费，主要用于专业建设、师资队伍建设、实验室（中心）建设、课程建设、实验项目改造、学科竞赛、创新创业、招生就业、学生发展、教学研究与改革等，力争到2024年生均教学日常运行支出、本科专项教学经费、本科实验经费超过全国同类高校平均水平，学校基本办学条件指标达到合格标准。

三、一流教学团队建设

湖南农业大学重视一流教学团队建设，建成了课程教学团队、专业教学团队、学科教学团队等层级化教学团队体系。在此基础上，涌现出 2 个在全国具有较大影响力的教师团队：①作物学教师团队于 2018 年被教育部认定为首批全国高校黄大年式教师团队；②茶学教师团队于 2021 年被教育部认定为第二批全国高校黄大年式教师团队。

（一）作物学教师团队简介

团队所属一级学科：作物学

团队负责人：官春云/教授/中国工程院院士

团队主要成员：23 人，其中作物学 1 人、作物栽培学与耕作学 6 人、作物遗传育种 6 人、种子科学与工程 6 人、作物信息技术与智慧农业工程 4 人。

（1）师德师风。构建"心有大我、至诚报国"的团队主流价值观。①充分发挥榜样示范和引领作用。团队秉承"朴诚奋勉、求实创新"校训，全面贯彻党的教育方针，始终坚持育人为本、德育为先，重视师德师风建设，涌现了国家级教学名师官春云、全国模范教师陈立云、湖南省教学名师屠乃美等先进典型，榜样的言传与身教，形成了团队"心有大我、至诚报国"的主流价值观，模范践行社会主义核心价值观，为人师表，广受全校师生好评。②坚持立德树人，弘扬学术正气。团队坚持身正为师、学高为范的师德师风建设价值取向，具有严格的以德立身、以德立学、以德立教管理机制，高标准、严要求管理团队成员，从未出现过违纪违法现象，从未出现过学术不端行为。③弘扬奉献精神，激活创新潜力。团队成员中有近80%的中共党员，形成了以奉献"三农"为荣、以追求名利为耻的团队正气，既重视论文发表在高档次期刊，也重视把"论文"写在农田里，主动服务区域经济发展。

（2）教育教学。践行"立德树人、教书育人"的教育理念和行为规范。①坚持全程育人、全方位育人。团队成员始终把思想政治工作贯穿教育教学全过程，"做人、做事、做学问"成为团队全程育人、全方位育人的经典模式，取得了很好的人才培养效果。团队培养的人才包括3名省部级干部、2名中国工程院院士和一大批战斗在祖国建设一线的中青年骨干。始终坚持正副教授为本科生上课和指导研究生的制度化管理，坚持在农学专业实行本科生导师制，导师成为学生做人、做事、做学问的榜样和楷模。②重视资源建设，打造教学品牌。作物学教师团队具有与学校发展并行的建设历史，积累了丰富的学科资源和教育教学经验，建成了一批教育教学品牌资源，为保证教育教学质量奠定了良好基础。团队建设的教学品牌资源包括：国家级重点学科（作物栽培学与耕作学）、国家级教学团队（作物学主干课程教学团队）、国家级特色专业（农学专业）、国家级综合改革试点专业（农学专业）、国家级精品资源共享课（作物栽培学）等。③更新教育理念，引领教学改革。团队不定期地组织教育教学理论学习，更新教育教学理念，学习现代教育教学技术，提升教育教学艺术，将人本主义、构建主义和教育生态学理论应用于教学过程。1998年以来，官春云院士牵头在植物生产类专业进行边生产、边上课、边科研、边推广、边做社会调查、边学习做群众工作的"六边"综合实习改革，取得了很好的育人效果，在全国农林院校得以推广应用。2014年开始，在农学专业开办"隆平创新实验班"探索拔尖创新型人才培养模式改革，在农村区域发展专业开办"春耕现代农业实验班"探索复合应用型人才培养模式改革，取得了一系列的创新创业教育成果。④重视教学研究，不断提升人才培养质量。团队十分重视教育研究和教学改革，团队成员先后获得国家级教学成果二等奖 2 项、省级教学成果奖 6 项。团队教师均承担了科技创新项目，及时将新知识、新理论、新技术融入课堂，全面提升人才培养质量。

（3）科技创新。聚焦国家重大战略，主动服务地方经济，敢为人先，开拓创新。①聚焦国家粮食安全，主攻水稻绿色优质丰产增效科技创新。长期以来，团队成员在水稻新品种选育、生理生态、丰产栽培、多熟种植等方面取得了一系列的研究成果。近年来育成水稻新品种（组合）45 个，获国家科技进步二等奖 2 项、国家技术发明二等奖 1 项。目前主持国家重点研发计划"粮食丰产增效科技创新"重点专项 1 个项目、7 个课题，主持国家重点研发计划"七大农作物育种"重点专项 5 个课题，具有持续的创新能力和发展前景。②聚焦食用植物油自给，主攻油菜高产优质高效科技创新。著名油菜专家官春云院士领导的油菜团队在油菜新品种选育、遗传图谱分析、基因定位克隆、丰产栽培理论等领域实现了重大突破，获国家科技进步二等奖 2 项、三等奖 2 项。目前主攻油菜全程机械化生产技术、高油酸品种选育、适应南方多熟种植的特早熟品种选育等，取得了阶段性成果突破，油菜产业创新能力居国内领先水平。

（4）社会服务。服务社会知行统一，立足"三农"甘于奉献。①立足作物学科，服务"三农"。团队成员始终坚持战斗在服务"三农"第一线，在学校和政府组织实施的"双百科技富民工程""三区人才计划""万名科技人才服务工程"等方面承担主体作用，在新品种选育、农业技术推广、科技示范、新型职业农民培训、新型农业经营主体培育等方面做出了积极贡献。团队成员平均有 1/3 的时间战斗在生产一线，服务农村、农业和农民，以自有科技创新成果服务区域经济发展。②主推进协同创新，促进区域经济发展。2014 年，官春云院士牵头组建国家级"2011 计划""南方粮油作物协同创新中心"，团队成员均承担了有关人才培养、科技创新、社会服务等方面的工作，主动服务南方稻区粮油生产，促进区域经济发展。

（5）团队建设。团队具有团结合作的优良传统，呈现持续发展的巨大潜力。①院士牵头建设高水平教师团队。团队带头人官春云院士处处以身作则，既是全球著名油菜专家，又是出色的领导者和实践家，团队分为作物栽培学、作物遗传育种、种子科学与工程、作物信息学 4 个教学小组，专业结构和年龄结构合理，凝聚力强。②团队坚持以服务"三农"为宗旨,明确团队成员研发目标,制订教学科研发展规划,形成了高效率的学习共同体和创新共同体。③以"传帮带送"为基础,构建培育年轻教师长效机制,新进教师和引进人才进校即归入相应科研团队和教学小组,为青年教师搭建发展平台,全面提升团队教学科研整体实力。④以重大课题和创新平台为依托,形成团队成员协同发展的内源活力。⑤以国际交流和学科交叉为抓手,通过选派教师到国外高水平大学访学、交流、合作科研、参加国际学术会议等,全面提升国际化水平和协同创新能力。

（二）作物学教师团队建设行动

作物学属于一级学科,是湖南农业大学最早建立的传统优势学科,作物学一级学科下设作物栽培学与耕作学（国家重点学科）、作物遗传育种（省重点学科）、种子科学与工程、作物信息学等二级学科。作物学教师团队具有与湖南农业大学并行的建设历史,近20年来,在官春云院士的带领下,团队成员团结协作,共同努力,取得了更好的团队建设效果。

（1）师德师风建设为本,团队精神培养为根。①重视团队成员奉献精神的养成,培养淡泊名利职业意识。教师是人类灵魂的工程师,是学生学习的现实榜样和社会主流文化倡导者和执行者,团队十分重视培养奉献精神和团队意识,坚持以服务学生为荣、以奉献科技创新和技术研发为荣、以服务农业生产一线为荣、以指导农民脱贫致富为荣,形成了团队的主流价值观和主流文化。②重视榜样引领,强化团队成员协同成长。团队成员中有国家级教学名师官春云、全国模范教师陈立云、湖南省教学名师屠乃美等先进典型,为团队师德师风建设提供了很好的榜样和典范,为团队建设和团队成员个性发展提供了独特资源,为团队成员个性发展和团队成员间协同成长提供了广阔空间。③坚持政治学习与业务学习相结合,立足服务"三农"和区域经济发展。团队形成了单周星期四下午开展政治学习、双周星期四下午开展教学研讨的制度,坚持政治学习与业务学习相结合,实现了既将论文发表在高档次期刊上,也将论文写在祖国大地上的目标。

（2）重视年轻教师培养,整体推进团队建设。作物学主干课教学团队分为作物栽培学、作物遗传育种、种子科学与工程、作物信息学4个课程群组并明确了课程组长,形成了团结合作的优良传统,在团队建设方面主要有以下突出事迹:①以"传帮带送"为基础,构建培育年轻教师长效机制。新进年轻教师执行"青年教师导师制",为每位新进教师配备安排一位德高望重的老教师"传帮带送",直至该教师能够完全独立承担教学科研工作。②以服务"三农"为宗旨,凝聚团队成员的发展方向和科技创新动力源泉。团队实行"三位一体"团队建设制度,每位教师都明确归属于一个教学团队、科研团队和社会服务团队,保证每位教师都有明确的发展方向和科技创新动力源泉。③以国际交流和学科交叉为抓手,提升教学团队的国际化水平和协同创新能力。保证每位年轻教师都具有到国外高水平大学访学的机会,要求教师必须具备累计1年以上的国外访学或合作研究的经历,推进教师团队国际化。④以重大课题和创新平台为依托,形成团队成员协同发展的内源活力。教师团队坚持教学、科研和社会服务的有机统一,使教师充分融入教学团队、科研团队和社会服务团队,激活教师团队发展的内源活力。⑤不断优化团队结构,与时俱进发展团队。传统的作物学只有作物栽培学、作物遗传育种2个二级学科,自20世纪80年代开始,团队成员积极开展种子学领域的科技创新和技术研发,逐步构建了种子科学与工程教学小组;进入新世纪,现代信息技术和现代通信技术迅速发展,在农业和作物学领域的应用受到官春云院士的高度重视,开拓了作物信息学研究领域,并组建了作物信息学教学小组,实现了与时俱进的团队发展。目前团队共有23名教师,其中:院士1人,教授8人;国家产业技术体系岗位专家4人;国家级教学名师1人,全国模范教师1人,省级教学名师1人,享受国务院特殊津贴专家5人,跨世纪学科带头人3人,湖南省青年骨干教师培养对象4人。2007年本团队被湖南省教育厅评定为省级教学团队,2010年被教育部评定为国家级教学团队。

(3)夯实立德树人底蕴,践行教书育人职责。十年树木,百年树人,教师是"树人"的树者,必须以德立身、以德立学、以德立教,模范履行教书育人职责。作物学教师团队认真践行"立德树人、教书育人"教育教学理念和行为规范。①坚持全程育人、全方位育人。团队成员始终把思想政治工作贯穿教育教学全过程,"做人、做事、做学问"成为团队全程育人、全方位育人的经典模式,取得了很好的人才培养效果。团队培养的人才中包括3名省部级干部、2名中国工程院院士和一大批战斗在祖国建设一线的中青年骨干。团队坚持正副教授为本科生上课和指导研究生的制度化管理,导师成为学生做人、做事、做学问的榜样和楷模。②重视资源建设,不断改善教学条件。作物学主干课教学团队具有与学校发展并行的建设历史，积累了丰富的学科资源和教育教学经验，建成了一批教育教学品牌资源，为保证教育教学质量奠定了良好基础。团队建设的教学品牌资源包括：国家级重点学科（作物栽培学与耕作学）、国家级教学团队（作物学主干课程教学团队）、国家级特色专业（农学专业）、国家级综合改革试点专业（农学专业）、国家级精品资源共享课（作物栽培学）等。作物学具有悠久的发展历史和厚重的历史积淀，但教育教学资源建设永无至善，必须不断改善教育教学条件。在这方面，师资队伍建设和实验室建设已达国内一流水平，近年来主要加强校外实习基地建设，2012年建设了2个国家级农科教合作人才培养基地（衡阳油菜农科教合作人才培养基地、岳阳水稻农科教合作人才培养基地），2013年建成了教育部"本科教学工程"大学生校外实践教育基地（湖南隆平种业有限公司农科教合作人才培养基地）。教材建设方面，"十二五"期间主编国家级规划教材3部、省部级教材11部。目前正组织南方粮油作物协同创新中心本科人才培养计划系列教材，总结和推广实践性教学环节和改革核心区方面的成果，已出版农村社会实践指导、作物实验技术、现代作物学实践指导等教材。③更新教育理念，引领教学改革。团队不定期地组织教育教学理论学习和研讨，重视更新教育教学理念，学习现代教育教学技术，提升教育教学艺术，将人本主义、构建主义和教育生态学理论应用于教学过程。1998年以来，官春云院士牵头进行边生产、边上课、边科研、边推广、边做社会调查、边学习做群众工作的"六边"综合实习改革，取得了很好的育人效果，在全国农林院校植物生产类专业得到广泛推广应用。2014年开始，在农学专业开办"隆平创新实验班"探索拔尖创新型人才培养模式改革，在农村区域发展专业开办"春耕现代农业实验班"探索复合应用型人才培养模式改革，取得了一系列的创新创业教育成果。基于学习进阶理论，组织实施"3＋3＋3"拔尖创新型人才培养的本－硕－博连续培养改革试点，取得了初步进展。团队教师均承担了科技创新项目，及时将新知识、新理论、新技术融入课堂，全面提升人才培养质量。④教书与育人统一，落实本科生导师制。团队成员均有担任班主任的经历，目前担任班主任的有7位教师。更重要的是，团队承担教学任务的农学专业和种子科学与工程专业均实行本科生导师制，全部团队成员都担任了本科生导师，且保证每位导师按2名本科生/年级的标准配备，扎实履行本科生导师职责：①生活指导。导师在新生入学后向学生介绍大学学习和生活特点，加速新生的入学适应；全学程关注学习心理健康状况和生活动态，及时了解学生的实际困难并给予指导。②学业指导。第一学期指导学生制订全学程学业规划和分阶段的学习计划；全学程关注学生修业情况，指导学生提高学习能力；组织和指导学生开展社会实践活动，提高学生的综合素质。③心理疏导。导师应全程关注学生心理动态，帮助学生疏导心理困惑，指导学习形成积极人格。④科技创新指导。本科生导师应合理组织不同年级的学生开展科技创新实践，导师应组织学生积极申报各级各类大学生研究性学习和创新性实验计划项目，安排学生提早进入实验室或跟随导师科研项目参加科研实践，激发学生的创新意识，培养学生创新能力。⑤毕业论文指导。导师是本科生毕业论文的当然指导教师，为了提高毕业论文质量，导师应提早给学生安排选题，尽量将学生在低年级阶段参与的科技创新活动与毕业论文结合起来，原则上学生应有 2 年以上时间开展毕业论文研究。⑥就业创业指导。全学程注意引导学生形成正确的就业观。学生进入高年级阶段后，关注学生的就业动态并积极提供就业信息。对于有志创业的学生，导师应及时给予指导。⑦重视教学研究，不断提升育人效果。2014 年，官春云院士牵头申报教育部、农业农村部、国家林业和草原局的卓越农林人才教育培养计划项目（拔尖创新型人才培养试点专业），在农学专业开展试点研究。2014 年开始组织实施国家"2011 计划"南方粮油作物协同创新中心本科人才培养计划，在农学专业开办隆平创新实验班探索拔尖创新型人才培养，在农村区域发展专业开办春耕现代农业实验班探索复合应用型人才培养。团队的教学研究与教学改革得到了很好的社会认可，官春云院士主持的"农学专业本科人才培养方案及教学内容体系和课程体系改革的研究与实践"于 2001 年获国家级教学成果二等奖，高志强教授作为第二完成人的"高等教育大众化背景下地方高校实行弹性学分制的研究与实践"于 2009 年获国家级教学成果二等奖。官春云院士主持的"基于协同创新机制的卓越农业人才培养改革与实践"于 2016 年获湖南省教学成果二等奖。2017 年，官春云院士率领团队成员承担了教育部人文社会科学研究"工程科技人才培养研究专项"的重点项目"植物生产类人才培养改革实践与政策研究"，全方位探索植物生产类人才培养的分类培养、协同培养、连续培养运行机制和实施策略，计划将研究成果凝练升华为卓越农林人才培养的理论体系、实施策略和政策建议。

（4）聚焦国家重大战略，科技创新成果斐然。聚焦国家重大战略，主动服务地方经济，敢为人先，开拓创新。近10年来，团队成员先后承担了国家"973""863"国家科技支撑计划、国家重点研发计划、国家转基因重大专项、国家自然科学基金、农业农村部和湖南省重大科技专项和攻关项目等300余项，年均到位科研经费3000万元以上。获国家级科技进步奖4项、国家技术发明奖1项、部省级科技成果32项；通过审定的作物品种69个。近五年来，发表论文1138篇，其中被SCI（科学引文索引）、EI（工程索引）等三大索引收录的论文169篇，出版专著53部。建成了一批高层次科技创新平台。①聚焦国家粮食安全，主攻水稻绿色优质丰产增效科技创新。长期以来，团队成员在水稻新品种选育、生理生态、丰产栽培、多熟种植等方面取得了一系列的研究成果。近年来育成水稻新品种（组合）45个，获国家科技进步二等奖2项、国家技术发明二等奖1项。目前主持国家重点研发计划"粮食丰产增效科技创新"重点专项1个项目、7个课题，主持国家重点研发计划"七大农作物育种"重点专项5个课题，具有持续的创新能力和发展前景。②聚焦食用植物油自给，主攻油菜高产优质高效科技创新。著名油菜专家官春云院士领导的油菜团队在油菜新品种选育、遗传图谱分析、基因定位克隆、丰产栽培理论等领域实现了重大突破，获国家科技进步二等奖2项、三等奖2项。目前主攻油菜全程机械化生产技术、高油酸品种选育、适应南方多熟种植的特早熟品种选育等，取得了阶段性成果突破，油菜产业创新能力居国内领先水平。

（5）知行统一服务社会，潜心奉献"三农"。①立足作物学科，潜心服务"三农"。团队成员始终坚持战斗在服务"三农"第一线，在学校和政府组织实施的"双百科技富民工程""三区人才计划""万名科技人才服务工程"等方面承担主体作用，在新品种选育、农业技术推广、科技示范等方面做出了重大贡献，积极参与新型职业农民培训、新型农业经营主体培育等工作，团队成员始终保持1/3的时间在农业生产第一线，实实在在地服务"三农"。②主推进协同创新，促进区域经济发展。团队积极推进2011协同创新中心建设，2012年7月组建省级"2011计划""南方稻田作物多熟制现代化生产协同创新中心"，2014年组建国家级"2011计划"区域发展类协同创新中心"南方粮油作物协同创新中心"，团队成员均承担了有关人才培养、科技创新、社会服务等方面的工作，主动服务南方稻区粮油生产，促进区域经济发展。③潜心问道与关注社会相统一。面对农民工大潮和农村留守儿童问题凸现，团队成员高志强教授等承担了"农村留守儿童关爱服务体系建设"研究任务，研究成果得到了时任全国人大常委会副委员长沈跃跃同志的高度评价，为国发〔2016〕13号文件提供了研究支撑，在农村留守儿童关爱服务体系建设方面做出了突出贡献，同时也承担了大量的直接服务基层的指导工作。

（三）茶学教师团队简介

团队所属一级学科：园艺学

团队负责人：刘仲华/教授/中国工程院院士

团队主要成员：25人，其中茶学1人、茶树生物技术与种质创新5人、茶树生理与无公害栽培3人、茶叶加工理论与新技术7人、茶叶功能成分化学6人、茶文化与茶业经济3人。

（1）师德师风。以习近平新时代中国特色社会主义思想为指导，深入贯彻落实全国教育大会精神，牢固树立"四个面向"新理念。①践行社会主义核心价值观。秉承"朴诚奋勉、求实创新"校训，始终坚持育人为本、德育为先，重视师德师风建设，形成了"心有大我、至诚报国"的团队价值观。团队有64%的中共党员，所属党支部为校级"优秀党支部"，团队负责人刘仲华院士荣获"湖南省优秀共产党员"称号。②坚持立德树人，弘扬学术正气。团队成员坚持以德立身、以德立学、以德立教，涌现了湖南省教书育人楷模、全国创新争先奖获得者刘仲华院士等先进典型。③弘扬奉献精神，形成了以奉献为荣、以追求名利为耻的团队正气。以赤诚之心、奉献之心、仁爱之心投身教育事业，淡泊名利，深受师生好评。团队成员中10余人为校级"优秀班主任"。

（2）教育教学。践行"立德树人、教书育人"的教育教学理念。①坚持"三全育人"理念，推进课程思政建设。团队成员始终把思政建设贯穿教育教学全过程，"做人、做事、做学问"成为团队育人的经典模式。正副教授为本科生上课率100%，实行本科生导师制，育人成效显著。学生在国家级、省级竞赛荣获130多项荣誉，获得国家级、省级创新创业项目8项以及校级创新课题等91项。②更新教育理念，打造优质教学资源。坚持将最新科研成果融入教学，形成教学、科研、生产实践的良性互动机制，构建了一批精品教学资源。"中国茶道""中华茶礼仪"入选国家级一流线上课程，在中国大学"爱课程"网上累计学习者突破 40 万人次。"茶学实验课 3（茶叶审评与检验）"入选湖南省线下一流本科课程，"茶识·茶韵·茶悟"入选湖南省首批课程思政改革项目。编写国家级规划教材 5 部，省部级教材专著 8 部，其中 3 部课程教材荣获全国高等农业院校优秀教材奖。在"全国茶学专业青年教师教学能力大赛"获奖 7 项。③重视教学研究，引领教学改革。在人才培养模式上实行"3+1"全程导师制，在教学组织形式上积极探索小班化教学，在教育教学方法上注重"理论与实践""研究与创新"结合。获国家级教学成果二等奖 1 项、省部级教学成果奖 2 项，国家级和省部级教学改革项目 9 项，茶学专业先后获批教育部"高等学校特色专业""卓越农林人才培养改革试点专业""国家级一流本科专业建设点"。

（3）科研创新。敢为人先，开拓创新，聚焦国家重大战略，主动服务地方优势产业。①围绕"脱贫攻坚""乡村振兴"和"三高四新"等国家和省级重大战略，主攻茶叶加工与茶资源高效利用研究。创新黑茶加工理论与技术体系，有效提升了我国黑茶科技水平；创新茶叶功能成分和速溶茶绿色高效提取分离纯化技术体系，显著提高我国茶叶深加工技术水平及产业规模与效益。先后获得国家科技进步二等奖 2 项、何梁何利科学与技术进步奖 1 项、湖南省自然科学一等奖 1 项、湖南省科技进步一等奖 3 项和湖南省科技创新奖 1 项。②聚焦"健康中国"国家重大战略，突破植物资源高效利用关键核心技术。创新植物功能成分高效利用技术体系，有效推进了我国尤其是武陵山片区特色植物资源深度开发，实现了特色植物资源利用技术升级和产品升级，打造了湖南在特色植物资源开发利用领域的全国产业中心地位，显著提升了我国植物提取物产业的国际影响力，获湖南省科技进步一等奖 1 项。

（4）社会服务。服务社会知行统一，甘于奉献。①立足区域特色产业，服务"三农"。团队成员始终坚持在农业生产第一线，在安化、古丈、韶山、汝城、茶陵等地担任科技特派员、"三区科技人才"、科技副县长等职务。在团队成果支撑下，显著提升了我国黑茶科技水平，驱动黑茶类快速发展为中国第二大茶类，打造了中国茶叶十大区域公共品牌——安化黑茶，推进湖南黑茶产业从不足 1 亿元发展到 240 多亿元，实现了产业规模与效益同步跨越。②推进协同创新，促进区域经济发展。团队负责人刘仲华院士牵头组建国家级省部共建"植物功能成分利用协同创新中心"，成员均承担了"中心"有关人才培养、科技创新、社会服务等方面工作，主动服务植物资源高效利用产业。

（5）团队建设。团队秉承团结协作的优良传统，呈现持续发展的巨大潜力。①团队负责人刘仲华院士是国内外著名茶叶专家，具有很高的学术造诣、创新性学术思想和出色的组织协调能力，在团队中发挥重要凝聚作用。②团队结构合理，成员均具有博士学位，教授 11 人、副教授 11 人，40 岁以下成员占比近 24％。③坚持以服务"三农"为宗旨，以重大课题和创新平台为依托，形成高效率的学习和创新共同体，不断培养知农、爱农、为农的责任感和使命感。④实行"三位一体"团队建设制度，成员都归属于一个教学科研团队，保证每位成员都有明确的发展方向。⑤全面实行青年教师导师制，青年教师均配备一位资深教师为导师，定期组织开展教学研讨，充分发挥导师的"传、帮、带"作用。⑥以国际交流和学科交叉为抓手，全面提升团队国际化水平和协同创新能力。先后入选教育部、农业农村部创新团队，湖南省普通高校省级教学团队，湖南省研究生优秀教学团队。

（四）茶学教师团队建设行动

茶学学科是湖南农业大学的特色与优势学科，1958 年由我国著名茶学专家陈兴炎教授、朱先明教授、陆松侯教授等创办。1978 年全国首批开始招收茶学研究生，1981 年全国首批获得硕士学位授予权，1993 年全国第二个获得博士学位授予权，1995 年建立博士后流动工作站，2003 年获园艺一级学科博士学位授予权。茶学教师团队具有与湖南农业大学并行的建设历史，近 20 年来，在团队负责人中国工程院刘仲华院士的带领下，团队成员团结协作，共同努力，取得了显著的团队建设效果。

（1）重视师德师风建设，构建团队价值观。以习近平新时代中国特色社会主义思想为指导，深入贯彻落实全国教育大会精神，牢固树立"四个面向"新理念。以中国工程院院士刘仲华教授领衔建设的茶学教学团队，始终坚持把政治过硬作为首要原则，把立德树人作为首要任务，抓好思想铸魂，不断加强团队师德师风建设，通过树立典型、宣传先进、理论学习等多种途径弘扬高尚师德，将社会主义核心价值观贯穿团队师德师风建设全过程，引导团队教师以德立身、以德立学、以德施教，整体推进团队发展。

重视师德师风建设，构建团队核心价值观。一是秉承"朴诚奋勉、求实创新"校训，全面贯彻党的教育方针，始终坚持育人为本、德育为先，形成了"心有大我、至诚报国"的团队核心价值观。团队有近80%中共党员，所属党支部为校级"优秀党支部"，团队负责人刘仲华院士荣获"湖南省优秀共产党员"称号。二是坚持立德树人，弘扬学术正气。团队坚持身正为师、学高为范的团队价值取向，进一步加强师德师风建设，充分发挥榜样示范、辐射和带动作用，涌现了湖南省教书育人楷模、全国创新争先奖获得者刘仲华院士等先进典型。三是弘扬奉献精神，以赤诚之心、奉献之心、仁爱之心投身教育和农业科技事业，形成了以奉献为荣、以追求名利为耻的团队正气。以赤诚之心、奉献之心、仁爱之心投身教育事业，淡泊名利，深受师生好评，团队成员10余人为被评为校级"优秀班主任"。

（2）夯实立德树人底蕴，践行教书育人职责。十年树木，百年树人。多年来，湖南农业大学茶学教学团队始终秉承"教育强国、产业兴国、矢志为民"的红色基因，以培养农业现代化的领跑者、乡村振兴的引领者、美丽中国的建设者为目标，坚持"姓农为农、连农带农、立农为农、强农兴农"的初心，扎根湖湘大地，服务"三农"发展，培养造就了一批又一批"懂农业、爱农村、爱农民"的高素质人才。①坚持全程育人、全方位育人。团队成员始终把思想政治工作贯穿教育教学全过程，围绕"十大育人"体系，不断激发团队成员全面参与育人的内生动力，承担好育人责任，"做人、做事、做学问"成为团队全程育人、全方位育人的经典模式，人才培养成效显著。以服务学生成长成才为宗旨，实行"因材施教"的本科生导师制，着眼育人工作主体、育人生命周期、育人空间场域，构建"力量整合、过程贯通、场域协同"的"三全育人"工作布局，全面整合校内外育人资源打造"育人共同体"，推动育人资源共建共享，开展育人经验交流，形成"整体一盘棋""同唱一台戏"的良好生态格局，正副教授为本科生上课率达100%。教学团队均有担任班主任经历，保证每位导师按2名本科生/年级的标准配备，扎实履行本科生导师职责，全面深化导师生活辅导、学业指导、心理疏导、科技创新指导、毕业论文指导、就业创业指导六大职责，学生在国家级、省级竞赛荣获130多项荣誉，获得国家级、省级创新创业项目 8 项以及校级创新课题等 91 项。②更新教育理念，打造优质教学资源。始终坚持将最新科研成果融入教学，聚焦"服务三农"初心，不断强化农业实践教育，持续推动一、二、三课堂协同育人，推进课程、教师、学生深入农业一线，不断丰富课程教学内容，重构课程教学体系，切实提高人才培养质量，形成教学、科研、生产实践的良性互动机制，建设了一批精品教学资源，被全国农林院校广泛借鉴。"中国茶道""中华茶礼仪"被认定为首批国家一流本科课程，在中国大学"爱课程"网上累计学习者突破 40 万人次；"茶学实验课 3（茶叶审评与检验）"入选湖南省线下一流本科课程，"茶识·茶韵·茶悟"入选湖南省首批课程思政改革项目。面向现代农业发展动态和农业发展方式的转变，开设了"大学阅读综合教育"等具有新农科特质的通识课程；团队成员编写国家级规划教材 5 部、省部级教材专著 8 部，其中《茶叶生物化学（第三版）》《茶叶审评与检验（第三版）》与《茶叶审评与检验（第四版）》课程教材荣获全国高等农业院校优秀教材奖。团队成员获得"全国茶学专业青年教师教学能力大赛"一等奖 3 项、二等奖 1 项、三等奖 3 项。建成了"农科教合作人才培养基地－湖南农业大学长沙茶叶农科教合作人才培养基地""国家级实验教学示范中心－植物科学实验教学中心""普通高效创新创业教育中心－园艺生产类大学生创新创业教育中心""湖南省普通高等学校实践教学示范中心－园艺园林实践教学中心"和"省部共建教育部重点实验室－茶学教育部重点实验室"等 7 个实验和实践教学平台。③重视教学研究，引领教学改革。团队十分重视教育研究和教学改革，积极探索茶学学科高素质复合型人才培养模式，在人才培养模式上实行"3＋1"全程导师制，新生入校即通过双向选择进入导师创新团队，接受导师全方位、全程指导，同时实行导师责任制，强化导师责任，让学生能较早接触专业知识，有相对多的时间与精力学习实验技术，在导师的指导下有效开展创新研究。在教学组织形式上积极开展分类培养模式，开展小班化教学，突出因材施教，重视学生个性化发展，鼓励各教学环节实施讨论式教学，引入多种形式的探索性学习和研究性学习，强化学生创新能力培养。在教育教学方法上注重"理论与实践""研究与创新"结合，设立专项的创新研究项目，引导学生主动探索、积极创新的能力。通过"竞赛促创新"，鼓励学生参加竞赛提高专业素养、创新能力，同时还能让学生深入生产实际，开拓科研思维，实现培养"心系国家、情系三农、知行合一"的拔尖创新型现代农业科技人才的目标。获国家级教学成果二等奖1项、省部级教学成果奖2项，国家级和省部级教学改革项目9项，茶学专业先后获批教育部"高等学校特色专业""卓越农林人才培养改革试点专业""国家级一流本科专业建设点"。

（3）聚焦国家重大战略，科技创新成果斐然。聚焦国家重大战略，主动服务地方优势产业，敢为人先，开拓创新。近10年，团队成员先后承担了国家科技支撑计划、国家重点研发计划、国家自然科学基金、国家重大科技成果转化项目、农业农村部部门专项和湖南省重大科技专项和攻关项目等100余项，年均到账科研经费1000万元以上。获得国家科技进步二等奖2项、湖南省自然科学一等奖1项、湖南省科技进步一等奖3项和首届湖南省科技创新奖1项等30多项国家及省部级科技奖励。选育的"湘妃翠"通过国家茶树新品种审定，"东湖早"通过湖南省茶树良种审定；主持或参与制（修）订国家标准及湖南省地方标准20多项；获国家发明专利100余项；发表学术论文400多篇（SCI收录100多篇）；建成了一批高层次科技创新平台。

围绕"脱贫攻坚""乡村振兴""三高四新"等国家和省级重大战略，主攻茶叶加工与资源利用研究，致力于提升茶叶加工技术水平、提高茶叶资源利用率和产业综合效益。创新黑茶加工理论与技术体系，有效提升我国黑茶科技水平；创新茶叶功能成分和速溶茶绿色高效提取分离纯化技术体系，显著提高我国茶叶深加工技术水平及产业规模与效益。在刘仲华院士带领下，团队成员在茶叶功能成分化学、茶叶加工理论与新技术、茶树生物技术与种质创新、茶树生理与无公害栽培等领域实现了重大突破，获国家科技进步二等奖2项、湖南省自然科学一等奖1项、湖南省科技进步一等奖3项和湖南省科技创新奖1项。

聚焦现代高效农业和大健康产业的国家战略，突破植物资源高效利用关键核心技术。团队成员在植物功能成分发现与作用机制研究、植物资源发掘与定向培育研究、植物功能成分高效利用与产品创制、植物功能成分利用工程化等方面取得了一系列的研究成果。创新植物功能成分高效利用技术体系，有效推进了我国尤其是武陵山片区特色植物资源深度开发，实现了特色植物资源利用技术升级和产品升级，打造了湖南在特色植物资源开发利用领域的全国产业中心地位，显著提升了我国植物提取物产业的国际影响力，获湖南省科技进步一等奖1项。

（4）知行统一服务社会，潜心奉献"三农"。立足区域特色产业，服务"三农"。团队成员始终坚守农业生产第一线，团队成员担任科技特派员、万名工程、科技副县长等职务，长期服务"三农"，以自有科技创新成果服务区域产业经济发展。在团队负责人刘仲华院士带领下，团队研究成果创新了黑茶加工理论与技术体系，引领我国黑茶科技进步、驱动黑茶产业快速发展为中国第二大茶类，有效提升了我国黑茶科技水平，强力推进中国产业快速健康发展，打造了中国茶叶十大区域公共品牌——安化黑茶，使湖南黑茶产业从不足1亿元发展到240多亿元，实现了产业规模与效益同步跨越。

团队负责人刘仲华院士于2013年7月牵头组建省级"2011协同创新中心－植物功能成分利用协同创新中心"，2019年9月牵头组建国家级"省部共建协同创新中心－植物功能成分利用协同创新中心"，团队成员均承担了"中心"有关人才培养、科技创新、社会服务等方面的工作，主动服务植物资源高效利用产业，促进人才培养、科学研究、社会服务地方区域经济社会发展同向同行、同频共振。

（5）坚持改革创新，加强团队建设。团队秉承团结协作的优良传统，呈现持续发展的巨大潜力。团队负责人刘仲华院士，既是国内外著名茶叶专家，也是出色的领导者和实践家，具有很高的学术造诣、创新性学术思想和出色的组织协调能力，在团队中发挥重要的凝聚作用。团队结构合理，成员均具有博士学位，教授11人、副教授11人，40岁以下成员占比近24%。其中：中国工程院院士1人，教授11人；国家产业技术体系岗位专家1人，湖南省产业技术体系岗位专家2人；享受国务院特殊津贴专家1人，新世纪百千万人才工程国家级人选1人。坚持以服务"三农"为宗旨，以重大课题和创新平台为依托，形成高效率的学习和创新共同体，不断培养知农、爱农、为农的责任感和使命感。实行"三位一体"团队建设制度，成员都归属于一个教学科研团队，保证每位成员都有明确的发展方向。重视年轻教师培养，整体推进团队建设。全面实行青年教师导师制，每位青年教师皆配备一位团队资深教师作导师，定期组织开展教学研讨，鼓励青年教师参加各类教学竞赛，充分发挥导师在青年教师思想政治品德培养方面的"传、帮、带"作用。实行"三位一体"团队建设制度，每位教师都明确归属于一个教学团队、科研团队和社会服务团队，保证每位教师都有明确的发展方向。坚持以服务"三农"为宗旨，明确团队成员研发目标，制订教学与科研发展规划，以重大课题和创新平台为依托，形成了高效率的学习共同体和创新共同体，不断培养青年教师知农、爱农、为农的责任感和使命感。以国际交流和学科交叉为抓手，通过选派教师到国外高水平大学访学、交流、合作科研、参加国际学术会议等，全面提升国际化水平和协同创新能力。团队先后入选教育部、农业农村部创新团队、湖南省普通高等学校省级优秀教学团队。

（五）高水平教师团队培育工作方案

为深入贯彻落实习近平总书记对黄大年同志先进事迹重要指示精神，引导我校广大教师持续向黄大年同志学习，根据教育部《关于开展全国黄大年式教师团队创建活动的通知》精神，湖南农业大学积极支持全校教学科研团队对照创建指标，努力开展黄大年式教师团队培育创建活动，争取培育出 3~5 个经教育部认定的"全国高校黄大年式教师团队"。

（1）总体目标。以习近平新时代中国特色社会主义思想为指导，贯彻落实全国教育大会、全国高校思想政治工作会议和习近平总书记9·5回信精神，加强党对高校的全面领导，紧紧围绕立德树人根本任务和强农兴农使命担当，面向新农业、新乡村、新农民、新生态，通过培育创建黄大年式教师团队，组织引导广大高校教师和科研工作者以黄大年同志为榜样，心有大我、至诚报国，教书育人、敢为人先，淡泊名利、甘于奉献，把爱国之情、报国之志融入祖国改革发展的伟大事业之中、融入人民创造历史的伟大奋斗之中，从自己做起，从本职岗位做起，为加快推进世界一流的农业大学建设贡献智慧和力量。

（2）培育内容。①师德师风。组织教师学习《高等学校教师职业道德》《关于进一步规范高效科研行为的意见》《高等学校预防与处理学术不端行为办法》《科技工作者道德行为自律规范》等文件。强化教师日常管理，引导教师坚持教书和育人相统一、言传和身教相统一、潜心问道和关注社会相统一、学术自由和学术规划相统一；坚持以德立身、以德立学、以德施教，切实践行社会主义核心价值观，品德高尚，淡泊名利，为人师表，把职业道德规范转化为教师的自觉行动。②教育教学。继续开展青年教师"讲课比赛"活动，深入推进教师提升培训计划，加大师资培训投入力度，积极推荐教师参加各级各类培训，引导和推动教师重视教学工作，不断在教育理念和方法等方面取得创新成果，并广泛应用于教学过程，把立德树人贯穿教育教学全过程，实现全员、全过程、全方位育人，不断提高人才培养质量。③科研创新。在学校"双一流"建设中，把建设一流学科专业、打造一流领军团队与培育创建"黄大年式教师团队"密切联系起来，从特色优势入手，从内涵建设入手，加大中青年学术带头人、优秀青年骨干教师和科技创新团队的引进与培养，重点打造具有国家使命、社会责任、创新精神和实践能力的拔尖创新人才。继续加大对科研工作的经费投入，完善奖励制度，增强教师科学研究的积极性，提升科研水平。④社会服务。围绕学校产学研紧密结合的办学特色和以大学为依托的农业科技推广新模式，面向国家和区域主导产业发展需求，积极开展科技成果示范推广和转化，自觉以"五新"战略任务指导本单位工作。以创新创业教育改革为契机，以"黄大年式教师团队"培育创建活动为抓手，加强教师创新创业教育能力建设，完善教师创新创业激励机制，积极服务创新创业。⑤团队建设。完善高层次和紧缺专业人才的引进、培养与考核制度。加大学术带头人培养、选拔力度，发挥好国家级和省级带头人专业领军作用和群体中凝聚作用，鼓励高层次人才和学术带头人按照上级和学校要求组建年龄结构合理的教学科研团队，制定团队发展规划，明确研究发展方向，搭建教师专业发展平台。

（3）组织领导。学校成立"黄大年式教师团队"培育创建活动领导小组。学校分管教学工作副校长任组长，分管教师工作副校长担任副组长，成员由教务处、人事处、宣传部以及各教学学院负责人组成。教务处牵头统筹协调培育创建活动进程，组织评审推荐，奖励表彰等工作；人事处、各教学学院负责"黄大年式教师团队"教育教学、科研创新等工作；宣传部负责创建活动宣传教育、氛围营造、新闻报道等工作。各学院相应成立活动领导小组，组织本学院"黄大年式教师团队"培育创建工作，并负责相关申报材料。

（4）工作安排。①宣传教育。黄大年同志是新时期归国留学人员爱国报国的楷模，是高校教育工作者教书育人的杰出榜样。他是爱国主义的坚守者和传播者，是科技报国的践行者和示范者，是高瞻远瞩的教书者和育人者，是实现中华民族伟大复兴中国梦的追梦者和筑梦者。各学院要通过制作展板、组织集中教育、开展讨论交流等形式，广泛宣传黄大年同志先进事迹，组织教师深入学习习近平总书记对黄大年同志先进事迹重要指示精神，引导教师深刻领会黄大年同志的精神实质，学习他矢志不渝实践科技报国的理想追求，学习他心系祖国发展的伟大情怀，学习他以战略视野和高尚人格凝聚培养人才的学者、师者风范，学习他践行社会主义核心价值观的优秀品质，进一步统一思想、凝聚力量，为开展创建活动奠定坚实的思想理论基础。②团队创建。各学院应认真对照"黄大年式教师团队"培育创建基本条件和具体指标，充分发挥典型示范作用，培养和造就黄大年式优秀教师，激励广大教师坚定理想信念、至诚爱国奉献、积极建功立业，并确定本单位"黄大年式教师团队"创建方案。③遴选培育。请各学院高度重视，遴选并培育本院优秀的、尖端的教学、科研团队。

（5）激励措施。坚持精神奖励、典型宣传与发展支持相结合，根据各学院创建活动开展情况，学校将对组织领导有力、活动开展丰富、团队创建质量高的学院进行表彰宣传，入选团队成员在教师培训、评先评优、职称评审等方面，给予重点支持和优先考虑。

四、农科专业提质改造

"安吉共识"提出，高等农林教育要面向新农业、面向新乡村、面向新农民、面向新生态，开改革发展新路，育卓越农林新才，树农林教育新标，服务中国农业农村现代化和中华民族伟大复兴事业，为世界提供中国方案。

（一）重新定位人才培养目标

在面向"四新"（新农业、新乡村、新农民和新生态），适应"五化"（规模化、企业化、信息智能化、机械化和多功能化）的基础上，将本科专业人才培养目标重新定位到：培养具有三农情怀、具备本专业领域现代科技知识、掌握本专业当代知识与技能、适应能力强、身心健康的高素质工作者。

（二）改造原有专业人才培养体系

在集知识、技术、能力、素质于一体，突出新农科通识教育的基础上，按照高等农业教育规律，分别搭建植物生产类专业共享通识教育平台和园艺、农学、茶学、种子科学与工程等专业各属特色培养平台；构建本专业人才就业型、创业型、学术型培训模块和本专业学生专业型、复合型、创新型需求模块。进而采用"平台叠平台＋模块嵌模块"的方式，集成新的人才体系。

2020年6月至8月，针对园艺、茶学、农学、种子科学与工程专业的本科培养方案，基于"四新"和"五化"的需求，对培养方案的课程体系进行了修改；调整和优化了部分专业基础课的授课内容、课时和授课学期，课程结构和多个课程的授课内容衔接更加合理，有效避免了同一内容的重复，强化了专业基础理论知识的学习；增加专业选修课"园艺生态学""农业物联网""园艺机械""生物信息学""视觉传达与科学艺术""植物分类与拉丁文"等，拓宽了专业知识面，丰富了知识广度，优化了知识结构；根据农科知识结构和专业人才就业及工作服务对象的特点，适当调整《大学英语》学分和课时，部分转为选修课程，采取灵活多样的考核方式，倡导日常学习与积累；体育课程改革，教学与学工密切配合，采取现代信息化的考核方式，督查学生养成体育锻炼的良好习惯；合并3门职业规划类课程，凝练为"职业生涯与创业基础"，并调整至第7、8学期，服务于就业与创业；新增"大学生阅读综合教育"通识课程，采用灵活多样的课程考核方式，强化阅读训练，加强写作能力和口头表达能力的培训；强化生命伦理、科技史、人文、礼仪、道德等文化修养课程，全面提高大学生的综合素质。

（三）拓展植物生产类专业内涵

跳出植物大田生产禁锢，立足全产业链的高度，按照基本满足"四新""五化"需求应有的知识结构、技术结构、能力结构和素质结构，拓展专业培养要求、专业主干学科、专业主要课程、专业实训环节，以及毕业生就业、创业与深造的领域。立足"五化"和"四新"的需求，删减课程中过时的、复述的内容，增加多学科渗透、专业知识与技术集成和过程动态与前沿展望等内容，着力打造专业教育"金课"，增加专业课程学习的难度和挑战性，提升专业课程学习的综合性，突出专业课程的前沿性，培养学生综合应用知识解决专业前沿复杂问题的能力。在教学基础组织系的基础上，针对植物生产类主要专业课程设置跨系专业课程教研室，组建教学团队，由教研室负责人负责课程的教学任务安排与协调；组织教学团队定期进行教学研讨，开展集体备课，准确把握课程间的知识点交叉和衔接，突出课程讲授内容的重点和难点；课程教学团队共同开展课程教学改革探索，每学年针对教学中存在的问题进行总结和研讨，提高课程教学效果，提升学生掌握专业综合知识的能力。

（四）重构教育教学课程体系

通识课程方面，削减"大学英语"学分和课时，增开新农科通识课程（含信息科学概论、生态文明概论、互联网＋现代农业、生态农业概论等）；专业基础课通过优化增加现代农用生物技术、农用信息智能技术、农用机械工程技术和现代农业产业经营管理等课程；专业主干课中通过优化增开新农科核心"金课"。在实践教学环节方面，本科阶段实施四年不断线的实践教学体系改革。

（五）优化专业课程教学内容

在清除课程过时的、复述的内容基础上，增加"五化"需求对接、多学科渗透、专业知识与技术集成和过程动态与前沿展望等内容，着力打造专业教育"金课"，提升专业课程高阶性、突出专业课程创新性、增加专业课程挑战度，以培养学生解决专业复杂问题的综合能力。

（六）创新课堂教学方法

逐步实现所有课程都采用 MOOC（在线开放课程）＋课堂、或 MOOC（在线开放课程）＋现场的交互式、讨论式教学方法。其中，陈述性知识和技术内容由 MOOC（在线开放课程）在线上完成，而分析性、启发性内容由课堂或现场在线下完成。但无论是线上或线下，在教学过程中都要突出"三结合"，即：课程教学与课程思政结合，理论教学与实操训练结合，教师引导与学生自主结合。根据专业核心课程的理论教学和实践教学特点，充分利用"互联网＋"，更新教学方式方法，探索和实践"理论与实操"和"线上与线下"的融合。组织老教师定期对专业课程进行听课、评课和指导学生实践课，通过"传、帮、带"的方式指导青年教师。推进青年骨干教师参与教学能力竞赛，加强青年教师参加教学技能培训。

（七）建立健全协同培养体制机制

构建与科研机构、现代农业企业的协同培养长效机制，激发科研机构、企业参与协同育人的积极性和主动性；建立学生参与科研院所和企业的实践活动与选修课学分互换制度，鼓励学生积极参加科研产业实践，实施校企、校所、创新创业教育与专业教育的融合。构建与科研机构、现代农业企业的协同培养长效机制，激发科研机构、企业共同参与协同育人的積极性和主动性；建立学生参与科研院所和企业的实践活动与选修课学分互换制度，鼓励学生积极参加科研产业实践，实施校企、校所、创新创业教育与专业教育的融合。农业专业生产实践多，随着城市化的发展，生产实习的交通和材料成本日益增加，在经费有限的情况下，如何顺利完成人才培养的各个实习实践环节至关重要。通过与省农科院和农业企业的合作，利用省农科院从事研究的作物种类与农业大学类似，且基地多的特点，就近开展实习实践，培养人才。目前已在园艺和茶学专业人才培养方面进行了深入合作。2020 年通过校企合作的模式，农学专业与深兰科技（上海）有限司合作创办了深兰智慧农业实验班，2021 年成功申报湖南省现代产业学院，为新型农业的发展培养出大批高素质应用型、复合型、创新型人才，为农业现代化提供符合新时代要求的智力支撑。

五、新农科新专业建设

2020 年湖南农业大学成功申报智慧农业专业（090112T），并于 2021 年开始招生，实践了新农科新专业建设实践。

（一）智慧农业专业申报

（1）申报理由。①智慧农业专业是顺应时代发展、满足国家重大需求以及"新农科"建设的时代需要。②作物学教师团队已为开办智慧农业专业做了大量的前期调研和准备工作，构建了由 26 名教师组成的智慧农业专业教学团队且还有明确的进人计划，师资有保障。③智慧农业的学科基础扎实。2002 年作物学一级学科已自主设置作物信息科学博士学位点，作物信息科学、现代信息技术、农业工程学科实力较强，科研项目和成果较多，具有良好的学科资源和创新平台支撑。

（2）主要就业领域。①新型农业经营主体。省内外现代农业企业、家庭农场、农民专业合作社等农业经营主体，是推进数字农业建设、精准农业实践和智慧农业探索的主力军，急需智慧农业专门人才。②农业农村行政主管部门。对应农业农村部市场与信息化司和省农业农村厅市场与信息化处，省内 14 个市州和 123 个县级行政区的农业农村局市场与信息化部门，急需农业信息化和智慧农业领域的专门人才。③农业科研院所。省、市级农业科研院所急需智慧农业专门人才，急需专门人才立足地域特色和资源禀赋开展数字农业建设、精准农业实践和智慧农业探索。④农技推广部门。省农业技术推广总站和 14 个市州农业技术推广中心及 123 个县级农业技术推广中心急需智慧农业专门人才。⑤农林院校。湖南省内有12所农业类职业技术学院、35所农业类中等职业技术学校、137所农业广播电视学校及一批职业高中，均急需智慧农业专业的专门人才。

（二）人才培养目标定位

（1）培养目标。面向国家和区域农业农村现代化发展战略需求，培养德、智、体、美、劳等方面全面发展，掌握作物学专业知识、专业理论、专业技能和现代农业信息技术手段，能将现代信息技术、现代生物技术、现代工程技术、现代管理知识与农学有机融合，能胜任现代农业及相关领域的教学科研、产业规划、经营管理、技术服务等工作的高素质复合应用型人才。

（2）培养要求。瞄准现代农业发展动态，主动适应现代信息技术、现代工程技术、作物学科技创新和现代作物生产发展动态，系统学习本专业的专业知识、专业理论和专业技能及其相关的专业基础知识、基本理论和基本技能，使毕业生获得以下知识、能力和综合素质：①思政素养：具有正确的世界观、人生观、价值观，良好的道德修养和健全人格，具有国家意识、法律意识、诚信意识、团队精神和强烈的社会责任感，培养具有"大国三农"意识和"一懂两爱"情怀的卓越农业人才。②身心健康：接受良好的军事训练和心理健康教育，具备较好的身体素质和一定的体育运动技能，心理健康，具有较强的挫折应对能力和心理自我调适能力。③表达能力：具有良好的语言表达能力和人际交流沟通能力。语言表达能力包括汉语和英语的口头表达与书面表达能力。④基础知识：具有较扎实的数学、物理、生物学、计算机应用技术等方面的基础知识，奠定从事现代农业科技创新的基础知识功底。⑤现代信息技术应用能力：掌握数据库原理、数据结构与算法、农业人工智能、数字图像处理、农作物遥感监测等领域的基本知识、基本理论和基本技能，具备较强的作物信息科学与技术领域的工程应用能力。⑥现代生物技术应用能力：掌握遗传学基础、生物信息学实验技术、作物表型研究方法等领域的基本知识、基本理论和基本技能，具备一定的现代生物技术应用能力。⑦现代工程技术应用能力：掌握农业物联网、智能农机装备等基本理论和基本技能，具备一定的现代工程技术应用能力。⑧作物学专业能力：掌握现代作物生产学、现代作物育种学、植物保护学等专业知识、专业理论和专业技能，具备现代作物学科技创新的初步能力和智慧农业工程实战能力。⑨创新创业能力：具有能够結合現代信息技術、現代生物技術、現代工程技術和作物學專業技術，從事數字農業建設、精準農業實踐、智慧農業探索等方面的初步能力，具備從事智慧農作、智慧園藝、智慧養殖等方面的創新創業初步能力。⑩知識拓展能力：面向農業全產業鏈，拓展知識和技能，了解國家農業農村和信息產業政策，具有農業國際化視野，具備較強的科學精神和較高的人文素養，具有從事農情監測與分析、農業經濟運行監測預警、農產品質量追溯、農產品營銷與電子商務、倉儲管理與智慧物流、農業科技信息傳播、農業企業經營管理等方面的某一領域的實際工作能力。

（三）培養目標實現矩陣

根據培養目標設計課程體系，形成了培養目標實現矩陣（表2-1）。

表2-1 智慧農業專業的培養目標實現矩陣

知識、能力與素質要求	實現途徑	
	課程設置	其他教學活動
（1）思政素質	思想道德修養與法律基礎、中國近現代史綱要、馬克思主義基本原理、毛澤東思想和中國特色社會主義理論體系概論、形勢與政策	"六求"活動教育、各類社團活動、時事講壇、日常管理與教育活動、"三下鄉"主題活動、大學生社會實踐活動
（2）身心健康	軍訓、體育1、體育2、體育3、體育4、大學生心理健康教育、體育俱樂部項目	晨跑、早操、課外體育活動、大學生體育運動會、人文講壇
（3）表達能力	英語1、英語2、英語3、英語4、專業英語、知識產權與科技論文寫作	CET-4、CET-6、第二課堂活動、各類社團活動、社會實踐活動
（4）基礎知識	高等數學、概率統計、線性代數、大學物理、計算機基礎、計算機（Python）、作物生產原理1、作物生產原理2	數學建模、學科競賽、大學物理實驗、植物生產原理教學實習1、植物生產原理教學實習2
（5）現代信息技術應用能力	數據庫原理、數據結構與算法、Java程序設計、數字圖像處理、農作物遙感監測、農業人工智能	數據結構與算法實驗、數據庫原理實驗、農作物遙感監測綜合實習、農業人工智能綜合實習

知识、能力与素质要求	实现途径	
	课程设置	其他教学活动
（6）现代生物技术应用能力	遗传学基础、生物信息学及实验技术、作物表型研究方法	作物表型监测教学实习、大学生研究性学习与创新性实验计划项目
（7）现代工程技术应用能力	农业物联网、智能农机装备、农业机器人	农业物联网监测综合实习、智慧农业综合实习
（8）作物学专业能力	现代作物生产学、现代作物育种学、植物保护学、农业科技信息传播、植物基因组学	现代作物学实验技术智慧农业综合实习、作物学技能竞赛（实验技能、实践技能、科研技能）
（9）创新创业能力	职业生涯规划、就业指导、创业基础，以及智慧农业专业核心课	参加各级各类的创新创业大赛、大学生创新创业训练项目
（10）知识拓展能力	智慧园艺、智慧养殖、智慧农业研究进展、世界农业与农业国际化、农产品营销与电子商务、农业经济运行监测预警、仓储管理与智慧物流、现代农业企业管理等	作物学文化节庆活动、社会实践活动、各类社团活动、专业讲座、专家论坛、素质教育、"六求"活动教育、国内外本科生访学

（四）基本办学条件建设

智慧农业专业在湖南农业大学农学院本科实验教学中心和作物学学科资源支撑下，积累了良好的基本办学条件，2020年前已建成农业大数据实验室，在此基础上，学校安排连续四年，每年200万元的专业建设经费，进一步加强基本办学条件建设（表2-2）。

表2-2 智慧农业专业2021年度基本办学条件建设内容

序号	仪器/设备/项目名称	经费（万元）	作用与功能	对应课程或实践教学环节
1	信科院课程建设费	20.0	课程资源建设	数据库原理、数据结构与算法
2	机电学院课程建设费	20.0	课程资源建设	智能农机装备、单片机原理

续表

序号	仪器/设备/项目名称	经费（万元）	作用与功能	对应课程或实践教学环节
3	师资队伍建设	10.0	师资培训、业务性会议等开支	智慧农业拓宽视野、把握前沿
4	课程建设	11.5	教材建设、课程建设等开支	本年度课程建设与教材建设
5	校内外实习基地建设	3.0	校外基地建设交流考察开支	生产实习、毕业实习
6	大疆无人机多光谱套装	13.0	农作物多光谱数据采集	遥感监测、图像分析技术
7	Biomet生物气象传感系统	25.0	碳通量、能量通量、水汽通量监测	农业大数据分析、农业物联网
8	全天候植被荧光观测系统	35.0	稻油多熟制叶绿素荧光自动监测	农业物联网、大数据分析
9	物联网实训室（12-F37）	24.0	农业物联网教学现场、植物工厂	农业物联网、农业大数据分析
10	无代码AI平台	28.0	机器学习与深度学习教学平台	农业人工智能、农业大数据
12	叶绿素荧光仪FP110	3.5	农作物叶绿素荧光无损检测	作物表型实验技术
13	深兰班费用	5.0	深兰班学生课程学习费用	深兰班学生外出学习费用
14	小型无人机	2.0	成立无人机协会，激发学生学习兴趣	图像分析技术教学

（五）学科资源建设

作物信息技术与智慧农业工程创新团队积极开展科技创新，积累学科资源。2018年建成"稻谷生产经营信息化服务云平台"并在湖南省内正式运行，定点对接湖南省38个基点县、852个家庭农场、355个农民专业合作社、38家粮油加工企业、14个农产品批发市场。截至2021年10月20日，线上服务220196人次，是稻谷全产业链大数据采集平台、农业信息化服务平台、科技资源共享服务平台（图2-1）。

图 2-1　稻谷生产经营信息化服务云平台的用户接口

（1）稻田多源信息智能感知技术攻关。攻克基于 FPGA（现场可编程逻辑门阵列）的稻田多传感器数据融合技术、多源传感器图像融合技术、数据降噪技术，提出了基于小波循环神经网络的传感器数据去噪模型 WAVELET-RNN，自主研发多传感器数据融合应用硬件平台（图 2-2A）、稻田管式土壤监测仪（图 2-2B）、稻田多源信息智能感知集成终端（图 2-2C），实现稻田土壤与水稻作物信息实时监测和智能感知。通过混合元启发式算法和遗传算法的融合，解决了物联网的服务发现和选择方法的 NP-hard 问题，使智能感知综合成本下降 30%。

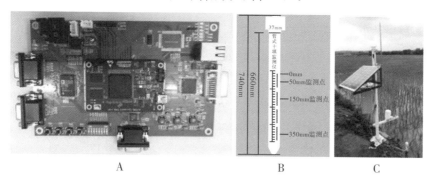

图 2-2　自主研发的主要物化产品

（2）水稻生产过程物联网监测。利用自主研发的稻田多源信息智能感知集成终端（集成 16 种传感器），在湖南省内布设 45 个监测点，实时采集和有效积累稻田资源环境大数据（每 10 分钟采集一次数据），同时建成 16 个视频监测点实时监测水稻生产过程（包括水稻长势监测、病虫监测、生产过程监测等），构建水稻生产过程的农业大数据采集平台（图 2-3），已采集稻田资源环境大数据和视频监测大数据 2.94TB。

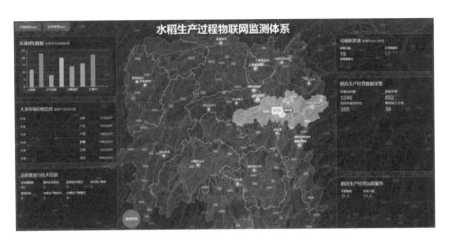

图2-3 水稻生产过程物联网监测体系交互界面

（3）水稻生产过程遥感监测体系。项目组实施了多年多点的水稻生产过程遥感监测地面试验和无人机遥感监测数据采集，在不同水稻种植模式（早稻、中稻、晚稻、再生稻）的主要生育时期实时采集水稻地面光谱数据、生长指标参数、光谱估测模型和无人机监测数据，通过光谱估测模型利用卫星影像，实现早稻、中稻、晚稻、再生稻的种植面积提取、长势遥感监测和遥感估产，已采集水稻生产过程遥感监测数据1.27TB。

（4）稻谷生产经营面板数据采集。"稻谷生产经营信息采集系统"采集和积累了2014年以来早稻、中稻、晚稻、再生稻各年度的种植计划、收获面积、实际产量、劳动用工、物资费用、收购进度、收购价格面板数据，以及稻米加工企业原料收购情况和稻米加工运行情况等面板数据资源，已积累面板数据资源1.6GB（数值型数据），为政府决策提供数据支撑，为农业生产经营者提供信息服务（图2-4）。

稻谷生产经营信息采集系统（热烈欢迎管理员高志强使用本系统）

基点县管理　种植计划　实际产量　劳动用工　物资费用　产品销售　粮油加工　数据分析　信息管理　进入云平台　退出系统

作物生产成本/效益分析表

指标	平均工资（元/天）	土地流转费（元/亩/年）	劳动用工（天/亩）	人工成本（元/亩）	物化成本（元/亩）	平均单产（公斤/亩）	销售价格（元/50公斤）	平均产值（元/亩）	毛收入（元/亩）	纯收入（元/亩）	利润（元/亩）
早稻	144.63	237.32	1.92	277.16	504.53	391.08	121.58	950.96	446.43	169.27	97.75
再生稻-头茬	131.65	237.32	2.02	265.63	563.83	505.48	128.93	1303.44	739.61	473.99	395.96
中稻	142.92	237.32	2.37	338.82	601.74	511.30	140.17	1433.35	831.60	492.78	401.75
再生稻-二茬	128.33	237.32	0.65	83.82	160.13	167.82	143.16	480.51	320.38	236.56	197.55
晚稻	143.19	237.32	1.83	262.60	530.84	332.67	135.28	900.09	369.25	106.65	28.62

图2-4 稻谷生产经营信息采集系统数据示例：2020年的生产成本/效益分析

（5）远程诊断与在线咨询。"稻谷生产经营信息化服务云平台"提供远程诊断与视频会议平台，克服了农业专家与生产经营者和生产场地的地理区隔，实现了农业专家与农业生产经营者的高效对接和远程服务，同时为农业生产经营者的交流互动提供了现代化平台（图2-5）。

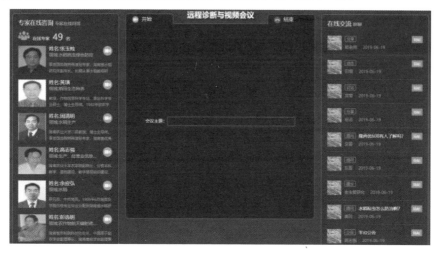

图2-5 远程诊断与在线咨询平台界面

（6）在线学习与远程培训。平台提供水稻生产新技术、智慧农业、"互联网＋"现代农业、休闲农业与乡村旅游等板块的视频、图像、音频、文本等多样化教学素材，搭建在线学习与远程培训平台，为农业生产经营者提供了丰富的在线学习资源，为新型职业农民和现代青年农场主培育提供远程培训平台。

（7）产品溯源。平台提供两大农产品质量溯源接口，实现了农产品生产企业的生产过程追溯和消费者的产品质量溯源，为推进农产品身份证制度提供了特色平台（图2-6）。

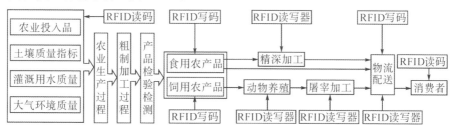

图2-6 产品溯源工艺流程

（8）科研台账。平台内置科研台账录入和数据检索系统，为水稻科技创新提供科研台账服务，积累水稻科研基础数据和历史资料。

（9）稻谷生产经营信息化服务云平台。集成大数据、云计算、物联网、数据挖掘、机器学习、人工神经网络技术，按照水稻全产业链运行流程，建成稻谷生产经营信息化服务云平台（图2-7）。①集成水稻生产过程物联网监测、遥感监测和稻谷生产经营面板数据采集系统，建成稻谷全产业链大数据平台。截至2021年10月20日，已积累稻谷全产业链大数据资源4.2TB。②建成稻谷生产经营远程服务平台。提供远程诊断、在线咨询、在线学习、远程培训、产品溯源以及生产经营信息服务等功能，为稻谷生产经营者提供全方位的信息化服务，有效解决生产经营者与农业专家的地理区隔，依托云服务的实时交流、资源访问，大大降低了农业技术推广应用的社会成本，全面提升农业科技信息的普及和推广应用。③建成开放性科技资源共享服务平台。利用历年积累的稻谷全产业链大数据资源，以及"科研台账"提供的历史数据支撑和科研效益综合指标分析体系，使平台成为全新的开放性科技资源共享服务平台。

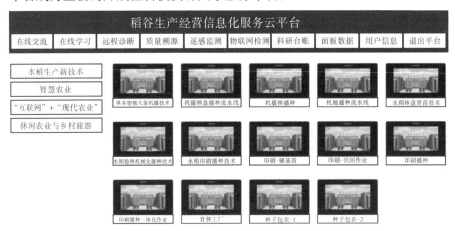

图2-7 稻谷生产经营信息化云平台：在线学习页面

第三章　植物生产类一流课程建设

教育教学活动的最基本实施单元是课程，课程建设是高等学校内涵式发展的永恒主题，近年来各级教育行政主管部门和高等学校更是高度重视课程建设，掀起了"金课"建设热潮，对促进中国高等教育事业发展具有重要意义。

第一节　一流课程建设概述

一、一流课程类型

（一）一流课程的类型

在现行分类体系中，一流课程包括精品在线开放课程（也称线上一流课程）、线下一流课程、线上线下混合式一流课程、社会实践一流课程、虚拟仿真实验教学一流课程。在实际申报和认定方面，又分为国家级和省级两个层次。

（1）线上一流课程。即国家精品在线开放课程，突出优质、开放、共享，打造中国慕课品牌，构建内容更加丰富、结构更加合理、类别更加全面的国家级精品慕课体系。

（2）线下一流课程。主要指以面授为主的课程，以提升学生综合能力为重点，重塑课程内容，创新教学方法，打破课堂沉默状态，焕发课堂生机活力，较好发挥课堂教学主阵地、主渠道、主战场作用。

（3）线上线下混合式一流课程。主要指基于慕课、专属在线课程（SPOC）或其他在线课程，运用适当的数字化教学工具，结合本校实际对校内课程进行改造，安排 20%～50% 的教学时间实施学生线上自主学习，与线下面授有机结合开展翻转课堂、混合式教学，打造在线课程与本校课堂教学相融合的混合式"金课"。大力倡导基于国家精品在线开放课程应用的线上线下混合式优质课程申报。

（4）仿真实验教学一流课程。着力解决真实实验条件不具备或实际运行困难，涉及高危或极端环境，高成本、高消耗、不可逆操作、大型综合训练等问题，形成专业布局合理、教学效果优良、开放共享有效的高等教育信息化实验教学体系。

（5）社会实践一流课程。以培养学生综合能力为目标，通过"青年红色筑梦之旅""互联网＋"大学生创新创业大赛、创新创业和思想政治理论课社会实践等活动，推动思想政治教育、专业教育与社会服务紧密结合，培养学生认识社会、研究社会、理解社会、服务社会的意识和能力，建设社会实践一流课程。课程应为纳入人才培养方案的非实习、实训课程，配备理论指导教师，具有稳定的实践基地，学生70％以上学时深入基层，保证课程的规范化和可持续发展。

（二）一流课程建设的基本原则

教育部在《关于一流本科课程的实施意见》中明确了一流本科课程的建设原则，包括提升高阶性、突出创新性和增加挑战度，即"两性一度"。

（1）提升高阶性。课程目标坚持知识、能力、素质有机融合，培养学生解决复杂问题的综合能力和高级思维。课程内容强调广度和深度，突破习惯性认知模式，培养学生深度分析、大胆质疑、勇于创新的精神和能力。

（2）突出创新性。教学内容体现前沿性与时代性，及时将学术研究、科技发展前沿成果引入课程。教学方法体现先进性与互动性，大力推进现代信息技术与教学深度融合，积极引导学生进行探究式与个性化学习。

（3）增加挑战度。课程设计增加研究性、创新性、综合性内容，加大学生学习投入，科学"增负"，让学生体验"跳一跳才能够得着"的学习挑战。严格考核考试评价，增强学生经过刻苦学习收获能力和素质提高的成就感。

（三）一流课程建设是从课程到课堂的革命

（1）转变观念，理念新起来。以新理念引领一流本科课程建设。牢固树立"三个不合格"理念，竖起"高压线"，不抓本科教育的高校不是合格的高校，不重视本科教育的书记校长不是合格的书记校长，不参与本科教学的教授不是合格的教授。推动课程思政的理念形成广泛共识，构建全员全程全方位育人大格局。确立学生中心、产出导向、持续改进的理念，提升课程的高阶性，突出课程的创新性，增加课程的挑战度。

（2）目标导向，课程优起来。以目标为导向加强课程建设。立足经济社会发展需求和人才培养目标，优化重构教学内容与课程体系，破除课程千校一面，杜绝必修课因人设课，淘汰"水课"，立起课程建设新标杆。"双一流"建设高校、部省合建高校要明确要求两院院士、国家"千人计划""万人计划"专家、"长江学者奖励计划"入选者、国家杰出青年科学基金获得者等高层次人才建设名课、讲授基础课和专业基础课，建设一批中国特色、世界水平的一流本科课程。聚焦新工科、新医科、新农科、新文科建设，体现多学科思维融合、产业技术与学科理论融合、跨专业能力融合、多学科项目实践融合，建设一批培养创新型、复合型人才的一流本科课程。服务区域经济社会发展主战场，深化产教融合协同育人，建设一批培养应用型人才的一流本科课程。

（3）提升能力，教师强起来。以培养培训为关键点提升教师教学能力。高校要实现基层教学组织全覆盖，教师全员纳入基层教学组织，强化教学研究，定期集体备课、研讨课程设计，加强教学梯队建设，完善助教制度，发挥好"传帮带"作用。实现青年教师上岗培训全覆盖，新入职教师必须经过助课、试讲、考核等环节，获得教师教学发展中心等学校培训部门颁发的证书，方可主讲课程。实现教师职业培训、终身学习全覆盖，推动教师培训常态化，将培训学分作为教师资格定期注册、教师考核的必备条件。

（4）改革方法，课堂活起来。以提升教学效果为目的创新教学方法。强化课堂设计，解决好怎么讲好课的问题，杜绝单纯知识传递、忽视能力素质培养的现象。强化现代信息技术与教育教学深度融合，解决好教与学模式创新的问题，杜绝信息技术应用的简单化、形式化。强化师生互动、生生互动，解决好创新性、批判性思维培养的问题，杜绝教师满堂灌、学生被动听的现象。

（5）科学评价，学生忙起来。以激发学习动力和专业志趣为着力点完善过程评价制度。加强对学生课堂内外、线上线下学习的评价，强化阅读量和阅读能力考查，提升课程学习的广度。加强研究型、项目式学习，丰富探究式、论文式、报告答辩式等作业评价方式，提升课程学习的深度。加强非标准化、综合性等评价，提升课程学习的挑战性。"双一流"建设高校、部省合建高校要扩大学生课程学习选择面，强化课程难度与挑战度。

（6）强化管理，制度严起来。高等学校要严格执行教授为本科生授课制度，连续三年不承担本科课程的教授、副教授，转出教师系列。严格执行国家对高校的生师比要求，完备师资队伍。严格执行课程准入制度，发挥校内教学指导委员会课程把关作用，拒绝"水课"进课堂。严格考试纪律，严把考试和毕业出口关，坚决取消"清考"。严格课程质量评估，在专业认证、教学评估中增加课程评价权重。

（7）政策激励，教学热起来。以教学贡献为核心内容制定激励政策。加大课程建设的支持力度，加大优秀课程和教师的奖励力度，加大教学业绩在专业技术职务评聘中的权重，营造重视本科课程改革与建设的良好氛围。

二、一流课程建设标准

一流课程的标准包括否决性指标和评审指标，否决性指标如出现一项即取消参评资格，无须对照其他指标。评审指标满分为 100 分，每个二级指标分项打分，计总分。评审专家包括各专业教指委委员、普通高校教务管理人员、已认定国家一流课程负责人、一流课程专家等，评分采用先网评、后会评的方式，汇总评审专家们的意见，给予公平公正的评价。

（一）线上一流课程建设参考标准

（1）否决性指标。在平台资格方面，无工信部 ICP 网站备案、无公安机关网站备案号、无信息安全二级以上等级保护证书，或非面向社会或高校开放平台。在课程资格方面，申报材料不齐备、课程无法登录或无法打开、无法显示完整内容和教学活动、非慕课、非本科/高职/专科教育课程、开设时间或期数不符合申报要求、教师无在线教学服务、负责人非申报高校正式聘任教师、存在思想性或较严重的科学性问题。材料、数据造假或存在侵权现象，或课程内容不适合网络公开传播。

（2）评审指标细则解析。①课程内容规范性。课程内容为高校教学内容，符合《普通高等学校本科专业类教学质量国家标准》等要求，课程定位准确，教学内容质量高：课程知识体系科学完整。若课程内容不规范，不适合列入高校人才培养方案的，此项为 0 分。②课程内容思想性、科学性、先进性。坚持立德树人，将思想政治教育内化为课程内容，弘扬社会主义核心价值观；课程内容先进、新颖，反映学科专业先进的核心理论和成果，体现教改教研成果，具有较高的科学性水平，注重运用知识解决实际问题。若存在思想性或较严重的科学性问题，此项为 0 分。③课程内容安全性。课程无危害国家安全、涉密及其他不适宜网络公开传播的内容，无侵犯他人知识产权内容。若存在有不适合公开的课程内容或有确凿证据证明有侵权情况，此项为 0 分。④课程内容适当性、多样性。课程内容及教学环节配置丰富多样，深浅度合理，内容更新和完善及时。在线考试难易度适当，有区分度。若学分课程的内容过于浅显，或考核评判标准过低，此项为 0 分。⑤课程教学设计合理性。教学目标明确，教学方法与教学活动组织科学合理，符合教育教学规律。⑥课程教学设计方向性。符合以学生为中心的课程教学改革方向，注重激发学生学习志趣和潜能，增强学生的社会责任感、创新精神和实践能力；信息技术与教育教学融合，课程应用与课程服务相融通，适合在线学习、翻转课堂以及线上线下混合式拓展性学习。⑦课程教学设计创新性。有针对性地解决当前教育教学中存在的问题，充分利用和发挥网络教学优势，各教学环节充分、有效，满足学生的在线学习的诉求，不是传统课堂的简单翻版。⑧课程团队。课程负责人应在本课程专业领域有较高学术造诣，教学经验丰富，教学水平高，在推进基于慕课的信息技术与教育教学深度融合的课程改革中投入精力大，有一定影响度。主讲教师师德好、教学能力强，教学表现力强，课程团队结构合理。⑨教学支持。通过课程平台，教师按照教学计划和要求为学习者提供测验、作业、考试、答疑、讨论等教学活动，及时开展有效的在线指导与测评。若教学团队成员未参与学习者答疑、讨论等教学活动，此项为 0 分。学习者在线学习响应度高，师生互动活跃。⑩应用效果与影响。面向其他高校和社会学习者开放学习程度高。在本校将在线课程与课堂教学结合，推动教学方法改革，有效提高教学质量。若未应用于本校课程改革，此项为 0 分。共享范围广，应用模式多样，应用效果好，社会影响力大，受益教师和学习者反馈、评价高。

（二）线下和线上线下混合式一流课程建设参考标准

（1）否决性指标。课程资质方面，一是非本科学分课程，二是申报截止日期前未完成至少两个完整的教学学期或周期，三是课程基本信息有明显不一致，四是申报材料不齐备，缺少必须提供的关键材料。教师资格方面，一是负责人非申报高校正式聘任教师，二是团队成员存在师德师风方面问题。课程内容方面，一是存在思想性或较严重的科学性问题，二是申报材料无法支撑课程内容导致可能出现教学无法实施，三是课程内容涉密。此外，如果存在申报材料造假或存在侵权现象必须否决。

（2）评审指标细则解析。①课程目标符合新时代人才培养要求，具体包括：一是符合学校办学定位和人才培养目标，坚持立德树人。二是坚持知识、能力、素质有机融合，注重提升课程的高阶性、突出课程的创新性、增加课程的挑战度，契合学生解决复杂问题等综合能力养成要求。三是目标描述准确具体，对应国家、行业、专业需求，符合培养规律，符合校情、学情，达成路径清晰，便于考核评价。②授课教师（团队）切实投入教学改革。一是秉持学生中心、产出导向、持续改进的理念。二是教学理念融入教学设计，围绕目标达成、教学内容、组织实施和多元评价需求进行整体规划，教学策略、教学方法、教学过程、教学评价等设计合理。三是教学改革意识强烈，能够主动运用新技术、新手段、新工具，创新教学方法，提高教学效率、提升教学质量，教学能力有显著提升。③课程内容与时俱进。落实课程思政建设要求，通过专业知识教育与思想政治教育的紧密融合，将价值塑造、知识传授和能力培养三者融为一体。体现前沿性与时代性要求，反映学科专业、行业先进的核心理论和成果，聚焦新工科、新医科、新农科、新文科建设，增加体现多学科思维融合、产业技术与学科理论融合、跨专业能力融合、多学科项目实践融合内容。保障教学资源的优质性与适用性，以提升学生综合能力为重点，重塑课程内容。④教与学发生改变。以教为中心向以学为中心转变，以提升教学效果为目的因材施教，运用适当的数字化教学工具，有效开展线下课堂教学活动。实施打破传统课堂"满堂灌"和沉默状态的方式方法，训练学生问题解决能力和思辨式思维能力。学生学习方式有显著变化，安排学生个别化学习与合作学习，强化课堂教学师生互动、生生互动环节，加强研究型、项目式学习。⑤评价拓展深化。考核方式多元，丰富探究式、论文式、报告答辩式等作业评价方式，加强非标准化、综合性等评价，评价手段恰当必要，契合相对应的人才培养类型。考试考核评价严格，体现过程评价，注重学习效果评价，考核考试评价严格，过程可回溯，诊断改进积极有效。⑥改革行之有效。学习效果提升，学生对课程的参与度、学习获得感、对教师教学以及课程的满意度有明显提高。改革迭代优化，有意识地收集数据开展教学反思、教学研究和教学改进。在多期混合式教学中进行迭代，不断优化教学的设计和实施。学校对探索应用智慧教室等信息化教学工具开展线下课程改革、应用信息化手段开展教学管理与质量监控有配套条件或机制支持，较好地解决了传统教学中的短板问题。在树立课程建设新理念、推进相应类型高校课程改革创新、提升教学效果方面显示了明显优势，具有推广价值。

（三）虚拟仿真一流课程建设参考标准

（1）实验内容。①规范性。内容为高校开展实验教学的基本单元，应包括实验教学项目基本情况、教学过程、实验要求等。②思想性、科学性、先进性。坚持立德树人，以提高学生实践能力和创新精神为核心，以现代信息技术为依托，以相关专业类急需的实验教学信息化内容为指向，以完整的实验教学项目为基础，建设虚拟仿真实验教学项目，积极探索线上线下教学相结合的个性化、智能化、泛在化实验教学新模式。③安全性。确保符合相关知识产权法律法规，可以完全对外公开服务。④目标导向性。坚持问题导向，重点解决真实实验项目条件不具备或实际运行困难，涉及高危或极端环境，高成本、高消耗、不可逆操作、大型综合训练等问题。坚持需求导向，紧密结合经济社会发展对高校人才培养的需求，紧密结合专业特色和行业产业发展最新成果，紧密结合学校定位和人才培养特点，采用现代信息技术，研发原理准确、内容紧凑、时长合理、难度适宜的虚拟仿真实验教学项目。

（2）实验教学设计。①方法性。始终关注信息化时代背景下学生需求，重点实行基于问题、案例的互动式、研讨式教学，倡导自主式、合作式、探究式学习。②真实性。应坚持"能实不虚"。支撑学生综合能力培养，至少满足2个课时的实验教学需求，学生实际参与的交互性实验操作步骤须不少于10步。应重点介绍实验教学项目的基本情况，包括实验名称、实验目的、实验环境、实验内容、实验要求、实验方法、实验步骤、实验注意事项等，实现实验项目的真实反映，激发使用者的参与愿望。

（3）实验教学团队。①负责人。在实验教学领域有较高学术造诣，教学经验丰富，教学水平高，在推进实验教学改革中投入精力大，有一定影响度。②团队。实验教学团队教师师德好、教学能力强，教学表现力强，课程团队结构合理，团队教师有虚拟仿真实验教学项目建设经验。

（4）实验教学支持。①研发技术。综合应用多媒体、大数据、三维建模、人工智能、人机交互、传感器、超级计算、虚拟现实、增强现实、云计算等网络化、数字化、智能化技术手段，提高实验教学项目的吸引力和教学有效度。加强相关技术可靠性研究，注重对学生使用虚拟仿真实验教学项目的全方位、多层次防护切实保障学生健康。②开放运行模式。搭建具有开放性、扩展性，兼容性和前瞻性的虚拟仿真实验教学项目运行平台。注重对相关实验教学项目自有或共有知识产权的保护，注重对学生个人信息等的保护，严格遵守我国教育知识产权、互联网等相关法律法规。③教学资源。通过文字、图片、视频等各种媒介促进教学准备、线上讨论、线下交流。④评价体系。将虚拟仿真实验教学项目纳入相关专业培养方案和教学课程，制订相关教学效果评价办法，根据学生和教师反馈，持续改进相关教学评价机制。

（四）社会实践金课建设参考标准

（1）内容。①创新性。促进创新创业教育与思想政治教育、专业教育、体育、美育、劳动教育紧密结合，广泛开展大学生创新活动，孵化大学生创新创业项目，助推科研成果转化应用服务国家创新发展。②先进性。将移动互联网、云计算、大数据、人工智能、物联网等新一代信息技术与经济社会各领域紧密结合，培育新产品、新服务、新业态、新模式；发挥互联网在促进产业升级以及信息化和工业化深度融合中的作用，促进制造业、环保等产业转型升级；发挥互联网在社会服务中的作用，创新网络化服务模式，促进互联网与医疗等深度融合。

（2）形式。①思想性。立意应弘扬正能量，践行社会主义核心价值观。②合法性。须真实、健康、合法，无任何不良信息，不得侵犯他人知识产权。③多样性。培育、孵化参加各级互联网＋大学生创新创业大赛项目；组织学生开展青年红色筑梦之旅、暑期三下乡等社会实践活动，深入革命老区、贫困地区和城乡社区，接受思想洗礼，助力精准扶贫、乡村振兴和社区卫生健康服务。

（3）团队。①指导老师。师德好，富有爱心、耐心、责任心，具有指导大学生创新创业训练计划项目、社团活动、志愿公益活动等经验。②项目团队。鼓励跨学院、跨专业组建团队，建立相应的运行机制，保证项目可延续性。

（4）支持。①团队活动。按照项目要求开展实验、实训、实践等活动，学生参与度高，师生互动活跃。②持续改进。建立实践效果评价机制，对社会实践内容、形式等进行持续改进。

三、一流课程申报材料撰写

（一）一流课程申报要求

（1）申报的基本要求。①申报推荐课程须为普通本科高校纳入人才培养方案且设置学分的本科课程，包括思想政治理论课、公共基础课、专业基础课、专业课以及通识课程等独立设置的本科理论课程、实验课程和社会实践课程等。课程目标有效支撑培养目标达成，注重知识、能力、素质培养。②课程教学理念先进，坚持立德树人。将课程思政有机融入教育教学全过程，教学设计、组织与实施突出学生中心地位；根据学生认知规律和接受特点，创新教与学模式；因材施教，促进师生之间、学生之间的交流互动、资源共享、知识生成；教学反馈及时，教学效果显著。③课程内容与时俱进，契合课程目标。依据学科前沿动态与社会发展需求动态更新知识体系；教材选用符合教育部和学校教材选用规定；教学资源丰富多样，体现思想性、科学性与时代性。④课程管理与评价科学且可测量。教师备课要求明确，学生学习管理严格。针对教学目标、教学内容、教学组织等采用多元化考核评价，过程可回溯，诊断改进积极有效。教学过程材料完整，可借鉴可监督。

（2）各类课程具体申报要求。①线上一流课程。线上一流课程以面向高校全日制在校学生的课程为主，应用于非全日制学生的网络教育课程以及无完整教学过程和教学活动的在线课程等，不接受申报。课程团队、课程教学设计、课程内容、教学活动与教师指导、应用效果与影响、课程平台支持服务等要求符合国家精品在线开放课程标准执行。②线下一流课程。一般应由学校中青年骨干教师主讲，并稳定开课授课。申报课程应体现出构思新颖、实用高效的教学思路；课程融入学科专业前沿内容，并使用高水平教材；重视现代化教学手段运用；教学方法灵活多样，能有效提升学生学习兴趣和参与度，具有较高的教学口碑；依托课程，形成了特色鲜明的教学风格和教学艺术。③线上线下混合式一流课程。基于慕课（自有或已获授权）、专属在线课程（SPOC）或其他在线课程，运用适当的数字化教学工具，结合学校实际对课程进行创新应用，制定并完善线上线下一体化教学设计（含线上和线下各自的教学内容、学时分配等），安排20%～50%左右的教学时间实施学生线上自主学习，与面授有机结合开展翻转课堂、混合式教学。④虚拟仿真实验教学一流课程。应为高校开展实验教学的基本单元，纳入本专业教学计划，符合国家虚拟仿真实验教学项目的要求，凡涉及国家保密要求的项目均不能申报。面向实验教学培养目标，实现实验核心要素，着力解决真实实验条件不具备或实际运行困难，涉及高危或极端环境，高成本、高消耗、不可逆操作、大型综合训练等问题。实验教学设计须具有原创性，所属学校须对本实验项目全部内容独有

或共有著作权，并确保项目内容及使用项目内容的行为不侵犯任何第三方的合法权益。⑤社会实践一流课程。以培养学生综合能力为目标，通过系列化、主题化、功能化的社会实践等活动，推动思想政治教育、专业教育与社会服务紧密结合，培养学生认识社会、研究社会、理解社会、服务社会的意识和能力。课程应为纳入人才培养方案的非实习、实训课程，设置了相应学分，并配备理论指导教师，具有稳定的实践基地，学生70%以上学时深入基层，保证课程规范化和可持续发展。

（二）一流课程申报书的撰写

一流课程的建设并非一朝一夕之功，需要认真思考、长期积累和不断迭代持续改善。获得一流课程的认定是对本课程教学效果的权威首肯，但不应该是唯一目标。我们可以采用"以终为始"的思路，以申报要求指导课程建设实践，通过学习领会教育部《关于一流本科课程的实施意见》和《"双万计划"国家级一流本科课程推荐认定办法》文件中一流课程申报要求，对标建设课程。申报书的填写并非一定要在准备申报的时候进行，提前准备查漏补缺可以有效促进课程品质提升，达到良好的教学效果。

（1）线上一流课程申报书的撰写。线上一流课程申报书采用国家精品在线开放课程申报书的格式，申报书正文共分为七部分：封面、课程基本情况、课程团队情况（包括课程负责人教学情况）、课程简介及课程特色、课程考核（试）情况、课程应用情况、课程建设计划。虽然内容字数不多，但每个字都务必准确精练，要能够在简明扼要的陈述中表达出本课程

的亮点和特色。

（2）线下一流课程、线上线下混合式一流课程和社会实践一流课程申报书撰写。第二类申报书包括线下一流课程、线上线下混合式一流课程和社会实践一流课程三类课程，申报书正文分为七部分，即封面、课程基本信息、授课教师（教学团队）、课程目标（300 字以内）、课程建设及应用情况（1500 字以内）、课程特色与创新（500 字以内）、课程建设计划（500 字以内）。

第二节　一流课程建设实践

湖南农业大学高度重视一流课程建设，广大教师和教学管理人员积极投入一流课程建设，植物生产类专业已建成国家级一流课程 8 门、省级一流课程 25 门，奠定了本科教育的良好基础。

一、作物栽培学

作物栽培学是农学专业的专业骨干课程，由中国工程院院士官春云教授牵头建设，2016 年被认定为国家级精品资源共享课（图 3-1）。

图 3-1　爱课程平台中呈现的作物栽培学精品资源共享课界面

（一）课程简介

"作物栽培学"课程科学性、综合性、实践性强，为实现作物生产可持续发展、解决粮油安全问题提供重要保障。该课程是农学类专业本科生不可或缺的重要专业课程。我校高度重视"作物栽培学"课程建设，官春云院士亲自领衔，带领精兵强将，完成国家精品课程建设后，正致力于精品资源共享课的转型升级。

（二）主要教学内容

（1）绪论。包括作物栽培学的性质和任务、作物的起源和起源地、作物的多样性和作物分类、我国古代作物栽培的特点和经验、我国农业自然资源和种植业区划、可持续农业与作物栽培科技进步等知识点。

（2）作物的生长发育。包括作物生长与发育的特点、作物的器官建成、作物的温光反应特性、作物生长发育的关联性等教学内容。

（3）作物产量与产品品质的形成。包括作物产量及其构成因素、作物"源、流、库"理论及其应用、作物的产量潜力、作物品质及其形成、作物品质的改良等教学内容。

（4）作物与环境的关系。包括作物的环境、作物与光的关系、作物与温度的关系、作物与水的关系、作物与空气的关系、作物与土壤的关系等教学内容。

（5）作物栽培措施和技术。包括播种与育苗技术、种植密度和植株配置方式、营养调节技术、水分调节技术、作物保护及调控技术、地膜覆盖栽培技术、收获技术、灾后应变栽培技术等教学内容。

（6）耕作制度的基本原理与技术。包括耕作制度的基本原理、种植制度、农田管理制度等教学内容。

（7）水稻栽培。包括概述、水稻栽培的生物学基础、水稻产量形成及其调控、稻米品质的形成与调控、水稻基本栽培技术、水稻栽培方式与技术体制等教学内容。

（8）玉米栽培。包括玉米生产概况、玉米栽培的生物学基础、玉米栽培技术、特用玉米及栽培技术等教学内容。

（9）油菜栽培。包括油菜生产的重要性、油菜生产概况、我国油菜生产存在的主要问题、油菜的类型与特征特性、冬油菜高产栽培措施、三熟区油菜栽培新模式等教学内容。

（10）棉花。包括棉花生产概述、棉花栽培生物学基础、棉花栽培技术等内容。

（11）苎麻栽培。包括概述、苎麻栽培的生物学特性、苎麻的栽培技术、苎麻的收获与加工等教学内容。

（12）烟草栽培。包括概论、烟草栽培的生物学基础、烟草的产量与品质、烟草栽培技术等教学内容。

二、作物学综合实践

"作物学综合实践"是植物生产类专业1997年开始实施的综合实习改革的基础上开发的社会实践类课程,2020年被教育部认定为国家级社会实践类一流课程。

(一)发展历程

1997年开始,植物生产类专业实行"六边"综合实习改革,即边上课、边生产、边科研、边推广、边做社会调查、边学习做群众工作,20年的持续改进和不断完善,形成了作物学综合能力训练特色化社会实践课程,构建植物生产类专业学生的生产组织能力、科研实践能力、知识获取能力、技术推广能力、调查研究能力、群众工作能力(图3-2)。

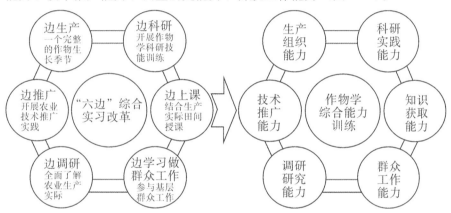

图3-2 作物学综合实践发展历程

(二)教学目标与课程实施

作物学综合能力训练的教学目标:①掌握现代作物生产技能,具有一定的生产组织能力。②掌握作物学科研基本技能,具有独立组织实施田间实验的基本能力。③完成课程学习任务,通过田间授课和现场教学提升自主学习能力。④掌握农业技术推广基本技能,具有独立组织农业技术推广的基本能力。⑤掌握社会调查的一般方法,具有独立开展调查研究活动的基本能力。⑥学习开展群众工作的一般方法,具有发动群众和组织群众的初步能力(图3-3)。

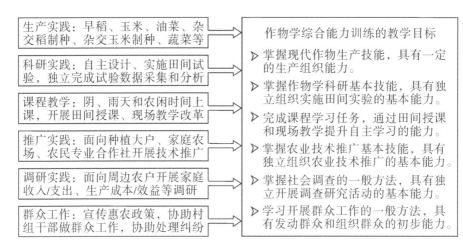

生产实践：早稻、玉米、油菜、杂交稻制种、杂交玉米制种、蔬菜等

科研实践：自主设计、实施田间试验，独立完成试验数据采集和分析

课程教学：阴、雨天和农闲时间上课，开展田间授课、现场教学改革

推广实践：面向种植大户、家庭农场、农民专业合作社开展技术推广

调研实践：面向周边农户开展家庭收入/支出、生产成本/效益等调研

群众工作：宣传惠农政策，协助村组干部做群众工作，协助处理纠纷

作物学综合能力训练的教学目标

➢ 掌握现代作物生产技能，具有一定的生产组织能力。

➢ 掌握作物学科研基本技能，具有独立组织实施田间实验的基本能力。

➢ 完成课程学习任务，通过田间授课和现场教学提升自主学习的能力。

➢ 掌握农业技术推广基本技能，具有独立组织农业技术推广的基本能力。

➢ 掌握社会调查的一般方法，具有独立开展调查研究活动的基本能力。

➢ 学习开展群众工作的一般方法，具有发动群众和组织群众的初步能力。

图 3—3　课程目标与教学实施

（三）教学设计

（1）权变理论与系统理论的协同演绎。植物生产类学生必须经历一个完整的农作物生产周期，但全学程很难集中安排半年的生产实习，而且独立安排生产实习时阴雨天只能安排学生自由活动，边生产、边上课有效地协调了时间资源的科学利用，打破了传统的课程学习安排框架，提高了学习效率；边科研、边推广实现了创新教育与生产一线的有效对接；边做社会调查、边学习做群众工作使学生深入接触农民、融入农村、熟悉农业，实现了基于耗散结构的教学活动系统性。

（2）建构主义学习理论与多维学习过程。建构主义学习理论认为，学习是引导学生从原有经验出发，依靠学习经历来建构新的经验，形成实际能力。"六边"综合能力训练的半年时间，形成了独特的多维学习过程，学生与实习指导老师、课程任课教师、实习基地管理人员和生产技术人员、当地农民和农场主、农村基层干部等广泛学习、接触和交流，特色化的多维学习资源，激发学生的学习热情，提升学生创新创业能力。

（3）能力本位教育理论与开放性实训环境。能力本位教育是从职业能力需求出发，针对性地强化实践能力和专业技能训练。"六边"综合实习将实习基地建立在广阔的农村，形成了开放性的实训环境：实习基地的现代农业设施与周边农民传统生产方式并存使学生得到多样化过程体验，多学科科研设施和多专业实习条件为学生接受跨专业实训奠定了物质基础，耳濡目染、身体力行、实践操作、多边交流。

（四）教学环境

在浏阳教学科研综合基地全面实施，基地现有耕地 500 亩，建成了学生宿舍、教室、实验室和辅助生活设施，安排了一批国家级和省部级科研项目，具有先进的农业现代化生产设备设施，为实习学生提供了丰富的学习资源。

（五）教学方法

（1）课堂教学与田间现场教学相结合。植物生产类专业需要解决农业生产实际问题，采用课堂教学与田间现场教学相结合，高效利用了感性认知学习资源，有效提升了理性认识发展空间，大幅度提升了教学效果。

（2）任务驱动式教学典范。"边科研"部分，为每个行政班安排 2.5 亩试验田，由学生自主选题、自主设计试验方案、自主完成田间试验实施和总结，形成极其特殊的任务驱动式学习模式，有效提升学生的科研能力。

（3）全程深入农村基层锻炼。植物生产类专业需要解决农业生产实际问题，采用课堂教学与田间现场教学相结合，高效利用了感性认知学习资源，有效提升了理性认识发展空间，大幅度提升了教学效果。

（六）创新与特色

（1）课程思政特色鲜明。组织学生开展社会调查、参加社会实践、开展技术推广，使学生实质性接触社会、了解社会、融入社会，培养学生"三农"情怀，奠定"一懂两爱"思维底蕴。

（2）时间运筹独树一帜。巧妙地协调了课程教学任务重与生产实习要求时间长的矛盾，有效地提高了全学程的时间利用效率和人才培养质量。

（3）能力训练综合高效。安排学生进行了一个完整的田间试验，构建了作物学实验技能竞赛、实践技能竞赛、科研技能竞赛体系，全面提升学生的综合职业能力。

（七）实施效果

1998 年开始实施，经历了 20 年的发展和完善，构建了植物生产类专业特色化综合能力训练模式，2001 年获国家教学成果二等奖。通过"六边"综合能力训练，使学生的生产技能、专业技能、科研技能和综合素质得到全面提升，毕业生深受用人单位欢迎，不少学生在农业产业化龙头企业主持杂交稻制种等技术岗位和管理岗位取得显著业绩；进入硕士研究生阶段学习也深得导师和学位点好评，普遍认为学生的实践能力和创新能力强；进入行政管理岗位的毕业生普遍反映对"三农"具有独到见解和实际工作能力。

三、"互联网＋"现代农业

"'互联网＋'现代农业"是响应现代农业发展动态而开设的具有新农科特质的通识课程，该课程于2019年被湖南省教育厅认定为省级精品在线开放课程，2020年被湖南省教育厅认定为省级线上线下混合式一流课程。

（一）"互联网＋现代农业"的课程教学内容

本课程是响应现代农业发展动态开设的新课程，具有明显的时代性和前瞻性，课程教学团队组织了全新的教学内容体系：

（1）现代农业基本知识，包括全球农业发展历程、农业发展模式探索、农业发展时代语境、现代农业经济管理、现代农业探索实践等知识点。

（2）现代信息技术常识，包括信息技术基础知识、大数据的相关知识、云计算的初步体验、物联网的基本构架、人工智能实现机制等知识点。

（3）"互联网＋"电子商务。包括电子商务基本知识、电子商务网络支付、淘宝网店运营实践、网购农业投入品、农产品网络销售等知识点。

（4）"互联网＋"农产品质量追溯，包括农产品质量相关知识、质量溯源的社会机制、追溯系统的技术支撑、追溯系统的技术体系、农产品质量全程追溯等知识点。

（5）"互联网＋"农业装备技术，包括农业机械装备技术、无人机及其农业应用、农业物联网装备技术、农业遥感的装备技术、农业机器人应用前景等知识点。

（6）"互联网＋"农业科技创新，包括组学及其价值空间、生物信息技术进展、数字农业建设实践、精准农业实践探索、智慧农业发展前景等知识点。

（二）省级精品在线开放课程

（1）课程简介。"互联网＋"现代农业涉及庞大的知识领域和技术体系，首先必须了解农业发展规律，理解当前转变农业发展方式、推进农业供给侧结构性改革、实施乡村振兴战略等时代背景，把握现代农业发展理念以及现阶段的经营模式、表现形式和关键技术，对国外的现代农业探索也需要有所涉猎，同时还必须掌握一定的信息技术基础知识。在此基础上，从"互联网＋"农村电子商务、"互联网＋"农业经营管理、"互联网＋"农产品质量追溯、"互联网＋"农业装备技术、"互联网＋"农村信息服务、"互联网＋"农业科技创新等领域来探讨"互联网＋"时代的最新知识与技术。"互联网＋"现代农业课程建设紧跟时代发展脉搏，面向转变农业发展方式、推进农业供给侧结构性改革和发展现代农业的时代主题，培育具有现代信息技术基础和现代农业知识的"一懂两爱"卓越农业人才。

（2）教学目标。通过本课程学习，要求学习者把握现代农业基本知识和信息技术基础知识，全面了解"互联网＋"时代的现代农业应用领域，掌握"互联网＋"农村电子商务、"互联网＋"农业经营管理、"互联网＋"农产品质量追溯、"互联网＋"农业装备技术、"互联网＋"农村信息服务、"互联网＋"农业科技创新等应用领域的相关知识、基本技术和最新进展，掌握中国农业现代化的发展方向，较准确地把握现代农业发展前沿知识。

（3）教学方法。根据教育学和学习心理规律，每个微课程设计时量为5～15分钟。运用研讨式、混合式、理论与实践结合等多种教学方法改革，实现微课视频资源与在线开放MOOC（在线开放课程）实现线上与线下相结合。

（4）课程特色。"互联网＋"现代农业课程将互联网的创新成果深度融合于现代农业发展的各个领域，将互联网技术和互联网思维融入现代农业全产业链。深度改革教学内容，创新知识体系，形成"互联网＋"现代农业的知识结构和能力体系，依托现代信息技术和现代教育技术，开发在线开放课程资源，让知识生动、形象、直观地呈现给受众，全面提升教学效果。

（5）学情分析。本课程面向的对象包括农林院校的本科生、研究生，同时也面向农村基层干部、新型职业农民、农业科技人员等社会学习者。考虑到服务对象的复杂性，课程建设中充分兼顾不同层面的学习者，按照独立知识点组织教学内容，每个独立知识点均按知识链逻辑关系组织教学素材；再按相关知识点的逻辑关系组织成7个教学单元，实现了教学内容的相对独立性和学习过程的自由可选性，同时紧扣现代农业发展动态，实时更新教学内容。

（6）服务对象。第一，面向高校的学习者。本课程面向高等农林院校专科生、本科生、硕士研究生和博士研究生,是植物生产类专业和动物生产类专业的专科生、本科生的重要专业选修课,是作物学一级学科硕士研究生和博士研究生的重要专业技术基础课。第二,面向社会的学习者。面向家庭农场、农民专业合作社和现代农业企业的经营管理人员和广大新型职业农民,传播党和国家有关现代农业的方针、政策以及现代农业信息技术,全面提升新型职业农民和农业经营管理者的专业素质、技术素质和综合素质。

(三)省级线上线下混合式一流课程

2017 年开始,课程教学团队面向植物生产类专业建设"'互联网+'现代农业"在线开放课程,在超星泛雅平台、中国大学 MOOC(在线开放课程)网上线运行,同时在校内开展线上、线下混合式教学改革。

(1)教学设计思路。新农科建设是新时代农林院校的重大课题,课程建设是新农科建设的实际行动。针对农林院校大学生急需了解现代农业最新知识和"互联网+"农业最新技术的现实学情,根据学习进阶理论,构建了本课程的知识体系:在"现代农业基础知识"板块,系统介绍全球农业发展动态和我国推进农业现代化的战略部署,奠定本课程的导向性思维;在"现代信息技术常识"板块,全面介绍信息技术基础知识以及大数据、云计算、物联网、人工智能等领域的最新动态,夯实现代信息技术基础。在此基础上,递进式分述"互联网+"农村电子商务、"互联网+"农产品质量追溯、"互联网+"农业装备技术、"互联网+"农业科技创新等最新应用领域,构建"'互联网+'现代农业"知识体系。基于建构主义理论的教学模式设计,形成了特色化的"在线学习+线下辅导"模式。学生利用零散学习时间,使用智能手机或电脑在线学习、随堂测验、在线讨论、在线考试、拓展性学习,同时开展讨论式教学、辩论式教学、探究性学习、研究性学习等多样化线下辅导,充分体现学生主体性和学习者中心地位。基于人本主义理论的课堂教学改革,体现于在线学习资源建设和线下教学组织改革。课程的在线学习资源共 6 章、每章 5 节,提供 30 个微课视频供学生在线学习。每个微课视频时长 5~15 分钟,主讲教师全程同期声加字幕提示,屏幕呈现知识要点、知识点间逻辑关系及其他多媒体信息,同时提供大量拓展性学习资源供学生选择性自主学习。线下教学组织集中辅导和分散辅导,集中辅导开展讨论式教学、辩论式教学改革,分散辅导包括延伸性自主学习、探究性学习、研究性学习等多种形式，达到激活思维、提供素质的教学目标。

（2）教学环境与方法。教学环境包括在线学习环境和线下学习环境。在线学习环境使用超星泛雅平台、中国大学 MOOC（在线开放课程）网，线上提供了在线学习、课后作业、在线讨论、随堂测验、在线考试和拓展性学习资源。线下学习环境在校内普通教室、会议室、办公室等地实施，开展混合式教学改革，包括线下集中辅导讨论式教学、线下集中辅导辩论式教学、线下分散辅导等环节。教学方法改革表现为混合式教学的深度实践。在安排学生完成在线学习相关知识点的前提下，线下实施集中辅导和分散辅导。线下集中辅导开展讨论式教学、辩论式教学改革。实施过程中，讨论式教学改革由教师组织学生分组讨论、分享讨论成果、教师综合点评，体现互动式教学、生成性教学、参与式学习、合作式学习等。辩论式教学采用组织学生分组辩论，现场点评，根据学生观点实施延伸教学，激活学生心理潜能。线下自主学习采用延伸性自主学习、探究性学习、研究性学习等多种模式。

（3）主要创新与特色。创新一：率先开出新农科新课程，首次构建了"'互联网＋'现代农业"知识体系，在全国农林院校产生了较大影响。配套教材已纳入中国农业出版社 2020 年 3 月出版计划。创新二：在系统建设在线学习资源的基础上，深度开展混合式教学改革，实施讨论式教学、辩论式教学、延伸性自主学习、探究性学习、研究性学习等综合性教学改革。特色一：课程思政贯彻全程。坚持开展做人、做事、做学问的全方位训练和教育培养，全面落实育人为本、德育为先，致力于培养"一懂两爱"农业人才。特色二：与时俱进分析学情。紧扣当代大学生心理状态和国家农业发展最新政策，及时更新在线学习资源，改进线下辅导教学模式和教学内容，稳步提升教学质量。

（4）实施情况与效果。在 2017 年校内混合式教学改革实践的基础上，2018 年在超星泛雅平台开课，选课人数达 1513 人；2019 年 3－6 月在中国大学 MOOC（在线开放课程）网开课，3780 人选课。针对 2018－2019 学年度的运行情况反馈和总结，2019 年 6－8 月重新组织知识体系，重拍全部视频资源，增加拓展性学习资源，实现了从内容到形式的脱胎换骨，2019 年 9－12 月再次在中国大学 MOOC（在线开放课程）网开课，累计选课人数 8647 人，成绩呈正态分布，更好地实现了学生知识传授、能力培养、情感训练等方面的教学目标，线下辅导在激活思维、提升素质等方面发挥了很好的作用，为培养懂农业、爱农村、爱农民的农业人才做出了积极贡献。此外，课程资源挂接《稻谷生产经营信息化服务云平台》，累计浏览量达 19 万人次，在新型职业农民培育，提升农村基层干部和农业技术人员综合素质等方面取得了很好的社会效益。2018 年 11 月 23－24 日，CCTV 发现之旅游"聚焦先锋榜"栏目报道了本课程的建设成果，作为新农科建设的实际行动，课程建设得到了中国农业大学孙海林教授等著名专家的高度评价，在全国产生了较大影响。此外，课程建设成为 2019 年度湖南省高等教育省级教学成果特等奖的重要支撑。

四、田间试验与统计方法

"田间试验与统计方法"是植物生产类专业的一门重要专业基础课，该课程于 2020 年被湖南省教育厅认定为省级一流线下课程。

（一）课程目标

根据植物生产类专业人才培养总体目标，本课程以立德树人为根本遵循，培养学生具备开展大田作物科学研究的基本素养和必备技能，具体目标如下：

（1）知识目标：了解田间试验与统计分析在农业科技创新中的重要作用，理解并掌握田间试验设计方法、误差控制原理与数据统计分析的基本概念、基本原理与方法；熟练运用原理与方法进行科学的田间试验设计和准确的数据分析。

（2）能力目标：具备运用试验设计方法、统计分析的原理，分析和解决田间试验方案设计、误差控制、精确实施、数据采集与科学分析等方面问题的能力。

（3）素质目标：培养踏实肯干、吃苦耐劳的优良品质和勇于探索、勤于实践、严谨治学的科学精神，树立学农爱农、强农兴农的责任担当。

（二）课程建设发展历程

（1）探索开设阶段（2002 年以前）：本课程开设时间最早可追溯到始于农学专业的开设，先后开设了课程"农作物田间试验方法""田间试验和统计方法"，并参编南京农业大学主编的教材。

（2）建设发展阶段（2002－2016 年）：自 2004 年开始，副主编参与四川农业大学主编的《田间试验与统计分析》教材编写工作，建设了试题库、案例库和多媒体课件，积累了教学资源。

（3）改革提质阶段（2016 年至今）：2016 年设计并进行了"课堂理论教学＋上机实验操作＋综合实习科研技能竞赛"三阶段教学模式探索与实践，2018 年构建了课程质量标准，2019 年至今开展优质网络课程建设。每年面向 7 个专业、超过 300 名本科生开展教学。

（三）课程与教学改革要解决的重点问题

（1）课程内容丰富，概念多，公式多，难掌握：需要优化教材内容体系，以符合新的受众、新的授课手段和新的授课方式的要求，实现"教教材"向"用教材"转变；

（2）课程内容理论性和逻辑性强，原理难理解：需要创新教学模式，创设教学场景，形成积极的教学互动，实现"教师主导"向"教师主导、学生主体"转变；

（3）课程实践性强，理论与实践衔接难：需要优化教学过程，增强学生学以致用的能力，实现"重理论"向"理论与实践并重"转变。

（四）课程内容与资源建设及应用情况

（1）专业需求，因"才"施教：基于课程"两性一度"要求，依据不同专业的特点和培养目标，产业发展需求、重大科研项目、前沿研究进展结合课程建设，将田间试验与统计分析的相关内容与不同专业特点紧密融合，开展基于不同专业的个性化教学；

（2）过程延伸，注重实践：构建"课堂理论教学＋上机实验操作＋科研技能竞赛"三段式教学模式，耦合导师制和"六边"综合实习，探索了理论紧密联系实践的新途径，提升学生学以致用的能力；

（3）资源整合，高效教学：持续多年的科研与教学积累，构建了教学知识库、图片库、案例库、数据库和微课库，充实了在线优质网络课程资源，有效提高了教学效率；

（4）用心设计，对接思政：结合国家粮食安全、农业绿色发展、乡村振兴等时代主题，深度挖掘课程思政元素，培养学生知农爱农信念，践行强农兴农使命。

（五）课程教学内容及组织实施情况

（1）课程内容与过程整体设计：组织教学团队研究并形成了课程质量

标准，梳理了课程及各章节的重点与难点内容，并开展重点与难点内容的教学设计；理论知识传授以案例教学为主，紧密结合科研项目案例；实验实践教学采用"上机实验操作＋科研技能竞赛"设计培养技能。

（2）课堂理论教学：基于"课程理论有深度、联系实际很紧密、认识理解难到位"的设计理念，通过"启发诱导"（"问题导入－讲授示范－讨论分析－总结归纳"）的教学模式，帮助学生逐步掌握田间试验设计与数据统计分析基本概念、原理与方法，达到理解并掌握的目的。

（3）实验实践教学：采用"理论联系实际"（"学习理论＋上机实验操作＋科研技能竞赛"）的模式和"耦合导师制和综合实习"的策略，上机图表制作和数据统计软件学习为依托，培养学生科研基本技能，通过课程理论教学与毕业论文和"六边"综合实习有机结合，巩固提高实践操作技能，达到理论指导实践、真正学以致用的目的。

（六）课程成绩评定方式

课程总评成绩＝平时考核成绩×30％＋期末闭卷考试成绩×70％。

全过程评价：30 分，由以下各部分组成：

（1）考勤（学习态度）8 分；

（2）作业（掌握程度）5 分；

（3）课堂问答（参与度、主动性）3 分；

（4）研讨（对知识的探索精神）5 分；

（5）参与讨论式等教学活动（团队协作精神和责任心）5 分；

（6）上机实验操作（基本技能和科研素养）4 分。

（七）课程评价及改革成效

（1）教师授课质量稳步提升：近 5 年来学生对教师讲课评价有显著提高（均超过 90 分），普遍认为老师上课通俗易懂且富有情趣；改进考核题型，增加了基本概念、基本原理与方法的考试内容，学生学习成绩符合正态分布规律，近年来学校督导、同行评教皆为优秀；

（2）学生知识能力全面提质：学生综合成绩稳步提升；本科学生承担校级和省级创新创业课题 10 项，每年校、院级优秀毕业论文 5 篇以上，考研录取率接近 50％，毕业就业率达 90％以上；

（3）教学团队建设成效显著：课程团队成员先后承担了 4 项省级和 6 项校级教改课题，获得 3 项教育教学成果奖项，教学团队参与学院教学竞赛，荣获一等奖等奖项3次。

（八）本课程特色与创新

（1）课程特色。课程教学团队以立德树人为宗旨，以学懂弄通为前提，以学以致用为目标，开展了本课程的教学研究与探索，形成了以下特色：①创建了科学研究技能竞赛活动品牌：以田间试验与统计分析课程教学为依托，以专业理论知识与实践技能为基础，开展一年一度的作物学科研技能竞赛活动，打造了科研技能培养品牌。②开展了面向作物机械化生产条件下的课程内容改革：探索机械化生产背景下田间试验设计、误差控制等教学内容改革，同时紧密结合产业需求、科研项目、前沿研究进展，优化了教学内容。③课程思政贯穿于教学全程：结合田间试验与统计分析对现代农业发展的重要作用，挖掘教学过程中的思政元素，以科学家献身农业科研事业为例，培养学生知农爱农信念和勤奋踏实严谨治学的科学精神。

（2）教学改革创新点：①创建"三段式"教学模式：课堂理论教学＋上机操作实训＋科研技能竞赛的"三段式"教学模式延伸了课程教学过程，为课程理论与实践相结合提供了有力保障，进一步夯实了课程理论教学内容，提升了学生学以致用的能力。②探索不同专业教学内容个性化：针对不同专业人才培养目标要求，课程教学重点突出专业个性化特色；引入了最新研究进展，优化课程教学内容；同时组织开展了案例式、讨论式、研讨式等教学方法的设计与实践，提高学生参与度和学习自主性。③改革教学质量评价方式：通过教学督导听课、网上评教、同行评教、定期研讨、集体备课等途径，同时开展学生全程学习评价体系建设，提升了教育教学质量。

第三节　新农科通识课程建设

"北京指南"中明确，高等农林院校应积极探索开设具有新农科特质的通识课程，建设具有新农科特质的通识课程是新农科建议的重要内容之一。为了加速现代信息技术、现代工程技术与现代农艺技术的融合，农林院校特色通识课程的首选应是智慧农业方面的课程，为此建成了"智慧农业引论"在线开放课程资源；农林院校学生应紧扣时代脉搏，掌握农业农村领域的新产业、新业态相关知识，为此建成了"休闲农业与乡村旅游"在线开放课程资源；农林院校学生必须具有"大国三农"情怀和国际化视野，为此建成了"世界农业与农业国际化"在线开放课程资源。

一、智慧农业引论

（一）课程简介

"智慧农业引论"是面向本专科生、研究生开设的新农科特质通识课程。课程构建了包括现代农业基本知识、现代信息技术原理、农业传感技术原理、农业遥感技术原理、智慧农业支撑技术、智慧农业探索实践等内容的课程知识体系，在课程教学过程中全面整合知识传授、技能训练、能力提升的教育教学职能，科学嵌入价值引领、德商培育、思维训练、心智开发，全面落实课程思政，提升育人效果（图3－4）。

图3－4 智慧农业引论课程视频截屏

（二）教学内容

（1）现代农业基本知识。包括农业发展时序特征、农业发展模式探索、农业发展时代语境、现代农业探索实践等知识点。

（2）现代信息技术原理。包括大数据及其获取技术、农业物联网基础知识、云计算与云服务应用、人工智能技术原理等知识点及相关技术。

（3）农业传感技术原理。包括农业传感技术概述、气象信息传感技术、水体信息传感技术、土壤信息传感技术、生理信息传感技术等知识点及相关技术。

（4）农业遥感技术原理。包括遥感技术基础知识、电磁波与地物波谱、遥感平台与遥感器、遥感图像处理技术、农业遥感支撑技术等知识点及相关技术。

（5）智慧农业支撑技术。包括目标对象标识技术、智慧农机装备技术、农业遥感监测技术、农业物联网技术、农产品溯源技术、农用无人机技术、农业机器人技术等知识点及相关技术。

（6）智慧农业探索实践。包括数字农业建设实践、精准农业实践探索、智慧农业发展前景、智慧农业探索领域、生态智慧农业愿景等知识点及相关技术。

（三）教学方法

在学情分析的基础上进行教学设计，注重思维启迪，重视学生主体作用，坚持以严谨的学术态度和科学精神组织教学内容，通过数字化、可视化资源及多媒体技术呈现教学内容，实现科学性、知识性、趣味性的有机结合。利用新技术、新手段、新方法，推进教学模式和学习方式创新，实现教育教学资源多样化，满足在线 MOOC（在线开放课程）、线上线下 SPOC（专属在线课程）、线下教学资源拓展等多样化教学需求，为开展翻转课堂、辩论式教学、讨论式教学、生成性教学和延伸性自主学习、探究性学习、研究性学习、合作式学习提供现代化平台，推进"泛在学习"。

（四）教学条件

（1）在线学习资源：课程分六章共30个微课视频教学资源，内容涵盖现代农业基本知识、现代信息技术原理、农业传感技术原理、农业遥感技术原理、智慧农业支撑技术、智慧农业探索实践等方面的最新知识和技术。每个微课视频教学资源后附8个复习思考题，促进学习者巩固知识。

（2）课程PPT。课程的全部微课视频教学资源均配备了PPT电子教案供学习者下载，每页PPT下"备注"栏中有教师讲的讲稿。

（3）拓展性自主学习视频资源。课程中附载了大量拓展性自主学习视频资源，供有兴趣的学习者课后自主学习。

（4）在线考试：课程学习结束前，系统提供在线考试，以检验学习效果。线下教学条件由各开课单位提供特色化线下教学资源。

（五）服务对象

（1）面向高等学校本专科生、研究生的具有新农科特质的通识课程。

（2）面向新型职业农民的在线学习和远程培训课程资源。

（3）面向农村基层干部的终身学习课程资源。

（4）面向农业科技人员和农业院校教学科研人员的素质提升课程资源。

二、休闲农业与乡村旅游

（一）课程简介

"休闲农业与乡村旅游"课程充分将农学与旅游学、经济学、管理学和生态学相结合。课程涵盖了休闲农业概述、休闲农业理论基础、休闲农业技术支撑、乡村旅游资源开发、休闲农业运营管理五大方面的内容。通过该课程学习，学生能够熟悉休闲农业的相关概念、休闲农业经营实体、乡村旅游消费业态；了解运营休闲农业企业的关键技术，高度重视农耕文明和生态文明资源开发，不断丰富具有乡村特色的旅游吸引物；掌握休闲农业园区建设的方法与特点、休闲农业园区规划设计的理念与原则、方法与要素以及休闲农业景观设计的方法；了解乡村旅游接待的礼仪与技术规范。掌握休闲农业的规划与设计、模式与经营，能够运用休闲农业的生态学原理、经济学原理和社会学机制来运营休闲农业企业和乡村旅游；用农学、生态经济学、规划、旅游等知识，彰显出农耕文化底蕴、弘扬生态文明理念、传播现代科技文化、推进美丽乡村建设。课程教学资源充分体现了课程思政贯穿全程的育人特色，践行"绿水青山就是金山银山"重要理念，积极宣传现代农业发展理念、最新农业政策、大国"三农"意识、"一懂两爱"情怀，培育具有现代信息技术基础和现代农业知识的卓越农业人才。

（二）教学内容

（1）休闲农业概述。包括休闲农业基本知识、休闲农业发展历程、休闲农业发展现状等知识点。

（2）休闲农业理论基础。包括休闲农业的生态学原理、休闲农业的经济学原理、休闲农业的社会学机制等方面的基本理论和技术原理。

（3）休闲农业技术支撑。包括生态农业技术、循环农业技术、设施农业技术、品牌农业支撑技术、休闲农业包装技术、休闲农业导向技术等方面的应用技术。

（4）乡村旅游资源开发。包括农耕文明资源开发、生态文明资源开发、农业文化资源开发、科技文明资源开发等方面的内容。

（5）休闲农业运营管理。包括休闲农业园区规划、休闲农业景观设计、休闲农业园区建设、休闲农业生产管理、休闲农业接待管理、休闲农业营销管理等方面的内容。

（6）休闲农业典型案例。包括休闲游憩类、科普教育类、民俗风情类、健康养生类、农事节庆类等方面的典型案例。

（三）教学方法

在学情分析的基础上进行教学设计，注重思维启迪，重视学生主体作用，坚持以严谨的学术态度和科学精神组织教学内容，通过数字化、可视化资源及多媒体技术呈现教学内容，实现科学性、知识性、趣味性的有机结合。利用新技术、新手段、新方法，推进教学模式和学习方式创新，实现教育教学资源多样化，满足在线 MOOC（在线开放课程）、线上线下SPOC（专属在线课程）、线下教学资源拓展等多样化教学需求，为开展翻转课堂、辩论式教学、讨论式教学、生成性教学和延伸性自主学习、探究性学习、研究性学习、合作式学习提供现代化平台，推进"泛在学习"。

（四）教学条件

（1）在线学习资源：课程分六章，共 27 个微课视频教学资源。每个微课视频教学资源后附章节测验，促进学习者巩固知识。

（2）课程 PPT。课程的全部微课视频教学资源均配备了 PPT 电子教案供学习者下载，每页 PPT 下"备注"栏中有教师讲的讲稿。

（3）拓展性自主学习视频资源。课程中附载了大量拓展性自主学习视频资源，供有兴趣的学习者课后自主学习。

（4）在线考试：课程学习结束前，系统提供在线考试，以检验学习效果。线下教学条件由各开课单位提供特色化线下教学资源。

（五）服务对象

（1）高等学校的本专科生和研究生。

（2）社会休闲农业与乡村旅游爱好者。

（3）新型职业农民、农村基层干部、农业技术人员。

（4）中小学教师、中小学生。

三、世界农业与农业国际化

（一）课程简介

本课程是具有新农科特质的通识课程，是培养学生"大国三农"情怀和农业国际化视野的支撑课程，拓展学生国际化视野方面的基本知识、基本理论和实践技能。农业国际化是不同国家农业经济运行超国界逐步融合并构成全球体系的过程，不同国家和地区依据农业比较竞争优势的原则参与国际分工，在此基础上调整和重组国内农业资源，使农业资源在世界范围内进行优化配置，实现资源和产品的国内和国际市场的双向流动，通过商品与劳务的交换、资本流动、技术转让等国际合作化方式，形成相互依存、相互联系的全球经济整体。简言之，农业国际化就是充分利用国际、国内农业资源和市场，参与农业国际分工与交换，以达到优化农业资源配置，增加农产品有效供给，增加农民收入，实现农业可持续发展的目标。在全球经济一体化、世界经济区域化的现实背景下，各国的农业发展状况、水平以及各国农产品国际市场贸易博弈，是影响国民经济发展和综合国力的重要因素，高等农业教育在培养复合应用型人才的过程中，必须强化学生的国际化视野，培养学生参与国际农产品贸易的基本知识、基本理论和基本技能。

（二）教学内容

（1）世界农业概述。包括全球农业资源、世界农业概况、世界农业分区等知识点。

（2）世界农业发展史略。包括原始自然农业、传统固定农业、近代农业实践、现代农业探索等知识点。

（3）全球农业大国。包括全球农业概貌、重要农业大国、主要农业强国等内容。

（4）国际农业组织。包括世界农业组织简介、国际农业研究机构、国际农业环保机构等知识点。

（5）跨国农业公司。包括主要农化企业、主要种业企业、其他农业企业。

（6）农产品国际贸易。包括农产品贸易壁垒、WTO（世界贸易组织）农业协定、农产品贸易策略等知识点。

（7）中国农业国际化。包括全球经济一体化态势、农业国际化发展动态、中国农业国际化战略等内容。

（三）持续改进与提升

目前，全球正在全力推进数字农业建设、精准农业实践和智慧农业探索，现代农业发展日新月异，课程必须根据农业国际化发展最新动态，讲授与时俱进的发展新知识、新理论和新策略。课程教学团队将根据世界农业发展动态及时更新教学视频和课外学习资源，全面提升教学效果。

第四章 一流本科人才培养改革实践

高校肩负着培养中国特色社会主义事业合格建设者和可靠接班人的重大使命，质量是高等教育的生命线。一流本科人才培养，至少要有三个维度的基本标准：一是社会责任感。要把个人梦想融入国家和社会的共同理想，在中国特色社会主义建设事业中建功立业。二是创新创业能力。要有创新意识和创新精神，要有一定的创新创业能力，能够实现良好的职业发展。三是自主学习与持续提升能力。人类进入知识经济时代，终身学习和持续提升不再是一种追求，而是职业生涯的本质内涵。

第一节 顶层设计改革实践

一、人才培养目标定位

（一）植物生产类人才培养目标的现行表述

2018 年出版发行的《普通高等学校本科专业类教学质量国家标准》中，植物生产类教学质量国家标准表述如下：本专业类主要培养具备良好科学文化素质和扎实的生物学基础，分别掌握现代作物学、园艺学、植物保护学的基本理论、基本知识和实验技能，了解学科前沿，具有创新意识和能力，能在农业及相关领域的高等学校、科研院所、其他行政事业单位或相关企业从事植物生产类专业技术的教学与科研、推广与开发、经营与管理等工作的专业人才。

（二）重新定位人才培养目标的基本思路

在面向"四新"（新农业、新乡村、新农民和新生态），适应"五化"（规模化、企业化、信息智能化、机械化和多功能化）的基础上，将本科专业人才培养目标重新定位到：培养具有三农情怀、具备本专业领域现代科技知识、掌握本专业当代知识与技能、适应能力强、身心健康的高素质工作者。

（三）植物生产类人才培养目标的重新定位

本专业类培养具备良好科学文化素质和扎实的生物学基础，具有本专业相关的现代信息技术、现代生物技术、现代装备技术基本知识和基本技能，分别掌握现代作物学、园艺学、植物保护学的基本理论、基本知识和实验技能，了解学科前沿，具有一定的创新创业能力，能在农业及相关领域的高等学校、科研院所、其他行政事业单位或相关企业从事植物生产类专业技术的教学与科研、推广与开发、经营与管理等工作的专门人才。

二、人才培养理念创新

（一）知识经济时代的人才培养转型升级

（1）知识经济时代的标志特征。人类文明进入知识经济时代，对社会成员的知识水平和能力体系都提出了更高的要求，学习者必须理性面对知识经济时代的基本特征：①知识更新快速化与海量知识资源。具体表现为：知识生产高效化与知识更新快速化，知识存储介质多样化与外源介质"泛在化"，知识获取便捷化与知识应用综合化。②资源利用智力化。利用生产要素和资源的人类生产活动越来越依赖人类的智力成果和知识转化，自动化、无人化、智能化生产是大量知识和技术的集成。③资产投入无形化。知识经济是以知识、信息等智力成果为基础构成的无形资产投入为主的经济形态，无形资产成为发展经济的主要资本。无形资产的核心是知识产权。④知识利用产业化。知识密集型的软产品，即利用知识、信息、智力开发的知识产品所载有的知识财富，将大大超过传统的技术创造的物质财富，成为创造社会物质财富的主要形式。⑤全球经济一体化。知识生产和技术发展缩小了空间、时间距离，为世界经济全球化创造了物质条件，也为全球一体化的知识生产、技术创新和工程应用奠定了基础。

（2）知识经济时代的人才需求特征。①面向目标的知识获取能力。高效率地获取知识和信息已成为新时代成功人士的基本素质，善于根据自己的发展目标或努力方向高效率地获取所需知识，就具有更强的智力资源支撑，在职业发展过程中就能具有更高的起点和潜力。②面向任务的知识组织能力。在知识海洋中遨游，必须具有高超的知识组织能力，即将面向具体任务的相关知识有效地组织起来，才能高效率地完成现实任务，实现任务目标。③面向效率的工具应用能力。随着经济社会的发展和科技进步的不断推进，对社会成员的能力要求也越来越高，现代工具应用能力和水平已成为个人生活和工作的必备技能。

（3）知识经济时代的人才培养转型升级。在"互联网＋""中国制造2025"、网络强国等战略背景下，必须开展知识经济时代的人才培养转型升级。①秩序重构：教育三要素重新定位。教育机构是教育教学资源提供者、教育教学活动组织者、人才培养质量监控者，教师是思想品德导向者、人力资源开发者、心智潜能激活者，共同实现学生的知识获取能力提升、知识组织能力培养、工具应用能力训练。②手段更新：教育信息化与智能教育。现代教育技术推进教育信息化发展，大数据、云计算、物联网、人工智能等现代信息技术的迅速发展，教育机器的应用，人类已开始走入智能教育初级阶段。③目标转向：知识获取能力、知识组织能力、工具应用能力。教育的目的是激活受教育者心智潜能，这已成为教育界的共识。如何有效地激活受教育者的心智潜能，是贯穿世界教育史的重大课题。知识经济时代的人才培养目标应进行整体转向，知识的价值在于应用，学习知识的目的是为未来职业生涯奠定知识基础，知识是能力提升的载体，教育教学活动必须围绕学生的知识获取能力、知识组织能力、工具应用能力，来实施全方位的人才培养改革。

（二）"互联网＋"时代的教育教学理念

（1）关注知识价值密度的知识传播理念。知识价值密度是指等量知识对于学习者的实际价值量大小。在人才培养方案制订、课程体系设置、课程教学内容组织和课堂教学内容组织等各类教育教学活动中，都必须关注知识价值密度，使受教育者在有限的时间内最大化学习效果。

（2）聚焦克服思维惰性的思维激活理念。教师是学生的心智潜能激活者，教育教学活动是激活学生的心理潜能。学生的心理潜能是与生俱来的，如果没有教育教学活动或其他社会活动的有效激活，可能永久性地处于潜伏状态。因此，教师应重视克服学生的思维惰性，在教育教学活动中树立思维激活理念。

（3）教育教学实践中的互联网思维。互联网思维是在互联网、移动互联网、大数据、云计算、物联网和人工智能等高速发展的时代背景下，对市场、客户、产品、产业链、价值链乃至对整个产业生态领域重新审视的思维方式。教育教学实践中的互联网思维：①用户思维：服务学生的成长成才需求导向。IT（信息技术）行业将客户称为"用户"，将这种用户思维运用于教育教学实践，就是服务学生的成长成才需求导向。②物联网思维：基于效率的工具应用能力训练。物联网实现了物物相联、人物对话，体现了人物交流超体验。人才培养过程中，必须具备基于效率的工具应用能力训练的物联网思维，既包括物联网本身的学习工具属性，也包括教育教学活动中的工具范畴拓展。③网络化思维：任务驱动的知识组织能力培养。互联网是一个全球性的网络系统，形成了全球性的资源共享和信息交流等一系列变革，从而演绎出合作空间无极限的网络化思维。教育教学实践中，要具有基于任务驱动的知识组织能力培养理念和思维背景，让学生学会如何有效地面向具体任务组织知识，学会分析知识本体和知识链逻辑关系，构建面向任务的知识体系。④大数据思维：面向目标的知识价值密度判别。知识海洋是任何人都不可能穷尽的，反过来可能存在知识和信息过量化压抑思维的问题（人脑容量有限，过多的信息存储导致思维空间减小），因此无论是教师还是学生，都要有知识价值密度判别意识，教师教知识必须分析知识本体对学生的知识价值密度，学生学知识也必须分析知识本体对自己职业发展的贡献度。⑤云计算思维：知识海洋的知识获取能力提升。云计算为用户提供多样化的云服务模式，实现了全球资源的颠覆性共享，极大地拓展了开放性和透明度，实现了开放性概念颠覆的云计算思维。随着知识本体的数字化表达技术迅速发展，云计算已发展为人类知识库的公共存储空间。在知识海洋遨游，必须具有较强的知识获取能力，而不在于你现在掌握或记忆了多少知识。因此，教师应有意识地训练学生的知识获取能力，学生自己也必须不断提升知识获取能力。

（三）"互联网＋"时代的学习理念

（1）知识是学出来的。知识经济时代的海量知识和知识普及化，个体社会化必须发生与时俱进的转型升级，站在学生立场，应该说"知识是学会的"。这里的差别在于：第一，主体地位问题。谁是主体？"教"的主体是老师，"学"的主体是学生。第二，主体意识问题。"教"的情景下学生是被动学习，"学"的情景下学生是主动学习；"教"意味着将知识本体灌溉给学生，"学"意味着学生需要摄取哪些知识营养。第三，主体责任问题。"教"的情景下老师是责任主体，有教得好的老师，也有教不好的老师;"学"的情景下学习者是责任主体。

（2）能力是练出来的。对于学习者而言，工具应用能力、语言表达能力、文字表达能力、人际交流能力、指挥控制能力、观察判别能力、洞悉决策能力等，都必须通过训练、经历过程、承受体验，才能逐步提高实践能力，必须坚持"能力是练出来的"学习理念。①参与意识与阅历价值。能力训练首先要强调参与，亲身参与实践过程并有效体验过程，才能实现能力提升。阅历是指亲身见过、听过或做过，以及在此过程中所获得的理解和收获的知识，广博的阅历具有特殊的人生价值。②简单经历与用心体验。同样的能力训练项目，不同的学习者可能形成不同的训练效果，如果把训练过程当做任务，只图完成任务的学习者就会只有简单的身体经历过程，能力提升自然达不到理想效果。如果能够在经历能力训练的过程中注意用心体验、观察分析、比较鉴别，就能够收到事半功倍的效果。③短板意识与定向训练。学习者应有自我认知和自我分析意识，知道自己的薄弱环节，理性认识自己的能力短板，并在能力训练中有意识地定向训练逐步补齐短板。

（3）过程与体验的重要性。人生有多样化的过程，学习、生活、交流、工作等多样化的过程是一种人生财富，丰富人生过程，重视过程中的体验，是个体社会化和自我修炼的重要途径。①行为体验。也称感觉体验，依赖感觉器官和肢体运动接受外界信息，关注行为体验中有效积累具有高价值密度的信息和知识，从而实现能力提升。②知觉体验。包括情景感知、动态过程感知和综合性感知体验，知觉体验是在个体的知识本底和能力背景的基础上实现的，更重视静态物像或动态过程的综合体验，从而提高潜意识领域的信息加工能力和综合判断能力。③情绪体验。过程、体验与情绪是相伴而生的，在过程中体验情绪，形成特定的情绪体验。重视情绪体验，关于在过程中控制情绪是个体情商的具体表现。情绪体验是挫折应对、意志锤炼、成就感体验的重要源头。④思维体验。过程中的行为体验、知觉体验、情绪体验上升到理性认识阶段，就是思维体验，重视思维体验是提升元认知发展水平和主观效能感的重要源头，也是思维激活的重要途径。

三、人才培养模式改革

（一）"3+X"人才培养模式改革

个体社会化是一种有序的教育生态链，这个生态链上的环节间必须协同、统一、递进化和个性化。卓越农业人才培养是高等教育普及化时代的精英教育，培养过程必须充分体现教育生态链有序化和学习进阶层级化培养过程，建构科学的连续培养模式，探索新时代卓越农业人才培养的长效机制（图4-1）。

"3+1"实用技能型人才培养模式	前三年完成主要课程学习任务，技能导师采用师徒制负责专业技能训练、强化特定指向的专业技能训练	参加顶岗实习并完成本科毕业论文						
"3+1"复合应用型人才培养模式	前三年完成课程学习任务，实行双导师制，全程参加多样化的社会实践活动，强化综合职业能力训练	初试创业体验并完成本科毕业论文						
"3+1"拔尖创新型人才培养模式	前三年完成课程学习任务，实行全导师制，全程参加导师团队的科技创新活动，夯实科研基础技能	参加科研实践并完成本科毕业论文						
"3+4"专业硕士培养模式	对接"3+1"复合应用型人才培养模式，在推免生中遴选培养对象	硕士层次复合应用型人才培养：跨学科进入专业硕士培养阶段，形成横向拓展型知识结构和能力体系						
"3+4"学术硕士培养模式	对接"3+1"拔尖创新型人才培养模式，在推免生中遴选培养对象	硕士层次拔尖创新型人才培养：同学科进入学术硕士培养阶段，形成纵向延伸型知识结构和能力体系						
"3+3+3"本硕博连续培养模式	对接"3+1"拔尖创新型人才培养模式，在推免生中遴选表现突出且具有一定科技创新成果的优秀学生	博士层次高端创新型人才培养：全程融入导师团队，第四学年进入学术型硕士研究生，第六学年取得硕一博连读资格（综合评估达不到要求者转为"3+3"学术型硕士培养），全学程9年						
学习进程	第一学年	第二学年	第三学年	第四学年	第五学年	第六学年	第七学年	第八学年	第九学年

图4-1　湖南农业大学的"3+X"卓越农业人才培养模式改革

为推进本科生多元化培养模式改革，加快培养适应现代化生产要求的拔尖创新型与复合应用型人才，湖南农业大学牵头的南方粮油作物国家协同创新中心从2014年开始，面向农学专业开办隆平创新实验班、面向农村区域发展专业开办春耕现代农业实验班，全面实施人才培养模式改革。为了深化"3+X"人才培养模式改革，特界定"3+X"人才培养模式改革的基本内涵。

（1）"3+1"实用技能型人才培养模式。在本科4年修业期间，前三年主要完成课程学习任务和主要实践教学环节，技能导师采用师徒制负责专业技能训练，强化特定指向的专业技能和综合职业技能；第四学年参加分阶段顶岗实习并完成本科毕业论文；实行"双导师制"，责任导师负责生活指导、学习指导、心理疏导、就业指导和全学程督查，技能导师负责特定指向的专业技能或综合职业技能训练。

（2）"3+1"复合应用型人才培养模式。在本科4年修业期间，前三年主要完成课程学习任务和主要实践教学环节，全学程参加多样化的社会实践活动和创新创业能力训练；第四学年初试创业体验并完成本科毕业论文；实行"双导师制"，责任导师负责生活指导、学习指导、心理疏导、就业创业指导和全学程督查，企业导师负责安排相关企业管理活动实践并指导创业实践。毕业后自主创业或对接"3＋3"专业硕士培养模式。

（3）"3＋1"拔尖创新型人才培养模式。在本科4年修业期间，前三年主要完成课程学习任务和主要实践教学环节，融入导师团队并参加科研实践；第四学年参加导师团队的科技创新，完成本科毕业论文；实行"全程导师制"，导师负责生活指导、学习指导、心理疏导、科技创新指导、毕业论文指导和全学程督查。毕业后自主考研或对接"3＋3"学术硕士培养或对接"3＋3＋3"本—硕—博连续培养。

（二）双学士教育培养模式改革

本科阶段的双学士教育培养模式，是指学生在注册学籍所在专业学习确有余力的前提下，跨学院完成另一专业（即辅修专业）的主要修业任务，毕业时取得本专业所在学科的学士学位的同时，还可取得辅修专业所在学科的学士学位。双学士教育培养模式是培养复合应用型人才的重大策略，同时也是提升学生就业创业能力的重要途径。湖南农业大学的双学士教育培养模式，具体包括农学＋管理学、农学＋经济学、农学＋社会学、农学＋教育学、管理学＋农学、经济学＋农学、社会学＋农学。为了规范双学士教育模式改革，出台了《湖南农业大学辅修专业学士学位教育管理暂行办法》，主要内容如下：

（1）辅修专业学士学位（以下简称"辅修学位"）是指全日制普通高等教育在籍本科学生在校期间主修一个学科门类专业学士学位的同时，辅修本校另一个学科门类专业的学士学位。

（2）开办辅修学位教育实行学院申请、学校审批制度，并按学年度报省级教育行政部门备案。由学院组织5~7名具有副高及以上职称的同行专家对拟开办辅修学位教育的专业进行论证，论证指标包括：专业办学时间较长（一般应有三届及以上本科毕业生）、就业状况较好、教学条件（主要指师资、实验室、实习场所、教材、图书资料等）充足、预测修读学生较多、教学计划合理（精选专业基础课和专业课、包含必要的实践教学环节和学位论文（毕业设计）、总学分60~70学分教学材料（主要指课程教学大纲、教学方案、教学讲义课件、考核要求等）。以上条件达到要求时，可向学校提出申请，经学校审批同意后方可开办。有行业职业资格准入要求的国家控制布点专业不能开办辅修学位教育，师范类专业之间可以互相开放辅修学位教育。

（3）申请修读辅修专业学位的学生数原则上应超过 30 人方可开办辅修专业教育。由教务处与辅修专业开办学院共同编制教学安排，教学工作由辅修专业开办学院负责，教学时间一般安排在晚上、双休日、公共假期。

（4）本校本科二年级的在籍在读学生，大一所修课程成绩及格且未欠缴学杂费的，可自愿申请修读一个辅修专业学位。由辅修专业开办学院负责确定申请时间并进行资格审查，报教务处备案。修读辅修学位的学生应在主修专业学位的修业时间内完成辅修学位的课程学习。

（5）辅修专业与主修专业间相同或相似课程的免修、补修事宜，由辅修专业开办学院和教务处研究确定，学校不单独组织学分认定考试。

（6）辅修专业教育每学期开课后 2 周内，学生可书面申请退出。中途退出者所修辅修学位课程（环节）学分可以冲抵主修专业公共选修课学分。完成辅修学位教育并获得辅修专业证书及辅修学士学位的，其辅修学位课程（环节）学分不能冲抵主修专业学分。

（7）辅修学位教育学费按学分学费（学校确认的免修学分除外）标准收取、结算，每学年暂按 30 学分预收。不缴纳辅修学位教育学费的，作自动放弃修读处理；正常申请退出的，退还剩余的学分学费；其他情况不予退费。

（8）辅修专业开办学院对修读辅修专业学位学生进行学业审核：①修满辅修学位专业人才培养方案所规定的学分者，由学校颁发辅修专业证书；②获得主修专业学士学位、修满辅修学位专业人才培养方案所规定的学分且算术平均成绩≥70 分者，由学校颁发辅修专业证书并授予辅修专业的学士学位；③达不到颁发辅修专业证书条件的，学校只出具课程（环节）成绩单。

（9）辅修专业学位证书和主修专业学位证书分别颁发。辅修专业学位证书须在辅修专业名称后注明"（辅修）"字样，所有辅修专业均不颁发毕业证书。学校对辅修专业证书和辅修学位授予信息进行报送与备案。

四、人才培养机制创新

（一）分类培养机制及其实施策略

霍兰德的人格类型理论将个体的人格特征与职业发展联系起来，表明不同个体具有不同的职业发展优势区,如果个体的职业发展优势区与未来职业类型匹配,就能更好地发挥个体的才智和创造力,实现人力资源的深度开发。

分类培养必须以个体的人格特质和职业发展优势区来明确发展方向,研究型、艺术型人格特质适宜作拔尖创新型人才培养对象,社会型、企业型人格特质适宜作复合应用型人才培养对象,现实型、传统型人格特质适宜作实用技能型人才培养对象,同时注意考察培养对象的个人发展意愿和综合素质(图4-2)。

图4-2　湖南农业大学的分类培养运行机制

(1)新生入学时的培养对象遴选。卓越农业人才的分类培养改革,首先要进行宣传发动,让学生充分了解卓越农业人才分类培养改革的目的和意义,给学生详细解读有关政策,尊重学生个人意愿,让学生和家长有一定的思考酝酿时间,再按照本人申请、职业倾向测试、资格审查、面试综合考察的程序实施。一般在新生入学的军训期间进行。①本人申请。本人申请时必须明确学生的职业发展意愿。大学生应具有明确的职业发展意向,申请进入拔尖创新型农业人才培养实验班学习的学生,必须具有继续深造的意愿,职业发展方向定位为农业科技创新人才;申请进入复合应用型农业人才培养实验班学习的学生,必须具有从事农业创业、农业企业管理和农村基层管理等农村工作的发展意愿,职业发展方向定位为农业创业者、农业企业家或农村行政管理人员。②职业倾向测试。组织申请者到心理测试中心进行职业倾向测试。③资格审查。对明显不符合培养要求的申请对象进行粗略筛选剔除。④面试综合考察。学校组织由专业教师、心理健康教育专业人员和教学管理人员组成的专家组进行面试综合考察,重点考察人—职匹配情况和个人综合素质与申请进入的实验班要求是否相符。

(2)修业进程中的动态考察机制。以学年为单位,对全学程修业进程中的培养对象动态考察。①学生退出实验班。符合下列条件之一者,必须退出实验班,同时安排进入同专业的其他班继续修业:本人不愿意继续留在实验班学习的学生；本学年内有一门及以上课程考核不及格者；根据学年综合考察，发现存在明显不符合实验班培养目标要求者。②实验班学生遴选补员。实验班可以从同专业其他班级中遴选符合要求的学生补员，申请进入实验班学习的同专业学生，按照本人申请、资格审查、面试综合考察的程序执行。③进入/退出实验班的操作办法。退出实验班学习的学生继续享受在校学生的各类待遇，但不再享受实验班的相关待遇，退出实验班学习的学生应及时转到同专业其他班级继续跟班学习。经学生本人申请、资格审查、面试综合考察程序，符合相关要求的学生，可安排进入相应实验班学习，学生应自行办理相关手续。

（二）连续培养机制及其实施策略

基于学习进阶理论和教育生态链理论的连续培养，将人才培养过程和环节实现一贯式有序推进，通过构建"3+X"卓越农业人才培养模式，实现人才培养过程高效化（参看图4-1）。构建了本科层次的"3+1"培养模式、"3+4"本硕连续培养模式、"3+3+3"本—硕—博连续培养模式。

（三）协同培养机制及其实施策略

基于教育资源生态位理论和大学—产业—政府三螺旋理论的协同培养机制，是有效利用学校教育资源和社会教育资源的社会机制创新，构建了本科高校的协同培养运行模式及其实施策略和职业教育领域的协同培养运行模式及其实施策略。卓越农业人才协同培养，是在充分利用本校基本办学条件、学科资源、创新平台、实验实训条件等的前提下，根据不同类别的卓越农业人才培养目标进行整体策划和合理安排。拔尖创新型农业人才培养，重点考虑利用国内外其他高等学校的特色资源、科研院所的学科资源和科技创新平台资源、生产一线的科学问题凝练资源（国家政策导向、地方需求、生产现状、技术需求等）和日常生活环境感染与熏陶；复合应用型人才培养过程中，重点利用国内外其他高等学校的特色资源、科研院所的科技成果转化资源（支撑创业能力培养）、生产一线经营管理资源和日常生活环境感染与熏陶。实用技能型人才培养，重点考虑利用农业企业、新型农业经营体等生产一线的特色资源。

第二节 培养过程改革实践

一、本科生导师制改革

（一）全程导师制

导师制塑造了一种新型的师生关系和全新的教与学的关系，有利于学生自我管理能力的提高，有利于培养学生的创新能力和促进学生的全面发展。拔尖创新型农业人才培养实行全程导师制改革，可以按 2 个阶段实施，本科教育阶段实行全程导师制，研究生培养阶段实行"责任导师＋团队指导"制度，对于实行"3＋X"连续培养的学习者，其中本科教育阶段的导师与研究生培养阶段的责任导师应为同一名导师，充分体现全程导师制的有效指导和定向培育（图4－3）。

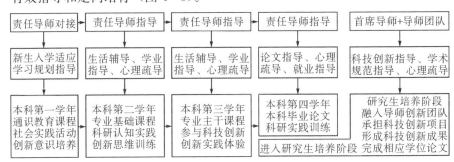

图4－3 拔尖创新型农业人才培养的全程导师制

（1）责任导师全程贯通制。强调对学生进行多层次、全方位的指导，全学程固定导师与学生的关系。入学后，举行导师见面会，第一学期结束后，一名校内导师和一名创新团队或校外企业导师将由双向选择制确定，建立师生双向互动制度，导师在专业领域的指导是全程贯通式的，指导时间跨越整个学程，不仅包括课程选择、社会实践、参与导师的科研和毕业论文指导，还有对学生的思想、心理等方面进行指导，目标在于提升学生的综合素质，促进学生全面发展。

（2）导师职责多维协同制。导师与导师团队共同构建了多维培养体系的立体结构。通过借鉴及适应全程导师制本土化需求，可以在新生入校之初进入导师创新团队，全方位、多层次的全程指导与培养，实施个性化培养。根据卓越农业人才的成长规律，培养对象的个性特点和发展潜力，制定和实施个性化的人才培养计划。学生的教育由过去粗放式管理变为循循善诱式的引导。在多维协同创新管理体制下，学生的学术、科研、思想各有立足、多维发展，形成可持续发展的人才培养环境，使每位学生能够得到全面长足的发展。导师职责多维协同主要体现在以下六个方面。①生活指导。导师在新生入学后向学生介绍大学学习和生活特点，加速新生的入学适应；全学程关注学生的心理动态和生活状态，及时了解学生的实际困难并给予指导。②学习指导。第一学期指导学生制订全学程学业规划和分阶段的学习计划；全学程关注学生修业情况，指导学生提高学习能力；组织和指导学生开展社会实践活动，提高学生的综合素质。③心理疏导。导师应全程关注学生心理动态，帮助学生疏导心理困惑，指导学习形成积极人格。④科技创新指导。本科生导师应合理组织不同年级的学生开展科技创新实践，导师应组织学生积极申报各级各类大学生研究性学习和创新性实验计划项目，安排学生提早进入实验室或跟随导师科研项目参加科研实践，激发学生的创新意识，培养学生创新思维、创新意识和创新能力。⑤学位论文指导。导师一般也是学生的学位论文指导教师，是学位论文质量的重要责任者。为了提高学位论文质量，导师应提早给学生安排选题，尽量将学生在低年级阶段参与的科技创新活动与学位论文结合起来，原则上本科生应有 2 年以上时间开展学位论文研究。⑥就业创业指导。全学程注意引导学生形成正确的就业观。学生进入高年级阶段后，关注学生的就业动态并积极提供就业信息。对于有志创业的学生，导师应及时给予指导。

（3）朋辈互助的学生团队。朋辈互助实质上是一种新型的同伴教育或团体辅导，与以教师为核心的团体辅导相比，朋辈互助具有交往较为频繁、空间距离接近、思维模式接近等特征，而且兼具互助与自助的双重功能。团体辅导主要通过每学期定期多次的全体学生会议实施，在会议中，学生分别展示近期研究成果，相互探讨交流问题不足之处加以改之。导师设立自己指导学生的 QQ 群或微信群便于与学生的密切交流联系，在群中既可开展团体辅导也可进行个别辅导。在教学过程中，广泛开展讨论式教学与辩论式教学，有利于激发学生的主动学习的兴趣，通过讨论、辩论的方式，学生要考虑到每句话的逻辑性，完善思维的缜密性，在撰写论文时也会有更加深刻的认识与更高的质量。而在这样的教学方式中，也培养了学生的团队协作精神，在准备辩论时，小组团队要进行充足的准备，大家要通力合作才能有很好的成果。

（二）双导师制

复合应用型、实用技能型农业人才培养均应实行双导师制，目的是强化学生与社会和生产一线的联系，为学生了解社会、接触社会、融入社会和融入行业产业提供条件。双导师制的校内导师同样实行全程导师制，校外导师则根据不同学习阶段由校内导师联系相关领域的行业专家、企业家、农业企业的相关管理人员或技术人员担任校外导师。实践证明，双导师制的校内导师可以实行全程一贯制，但校外导师必须灵活安排，可以由校内导师联系或专业教学团队统一安排。湖南农业大学的实践模式如下：本科阶段的校内导师四年一贯制，本科—专业硕士连续培养的同样实行校内导师全程一贯制，以保证培养过程的连续性和高效性。校外导师则由校内导师联系或专业教学团队统一安排，充分发挥校外导师的个人优势开展多样化指导，本科阶段第一学年聘请行业专家开展讲座，使学生了解行业发展动态，第二学年聘请知名农业企业家讲座，激发学生的创新创业意识和创新创业思维，第三、四学年聘请相对固定的企业导师指导，第四学年在企业导师指导下开展分阶段顶岗实习，对于实行本科—专业硕士连续培养的学习者，硕士研究生培养阶段按岗位性质安排的高水平企业导师指导（图4-4）。

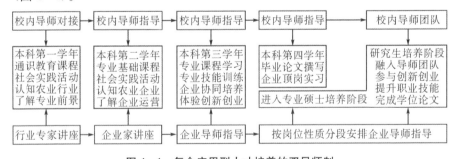

图4-4 复合应用型人才培养的双导师制

（1）构建高水平的导师团队。在师资配备上，保证专业教师团队的生师比10∶1，构建4∶1的校内导师队伍，导师每个年级指导的学生人数规定上限不超过3人。双导师制的校内导师是核心，承担学生全学程的新生入学适应、生活指导、心理疏导、学业指导、论文指导、就业创业指导等职能，同时还要负责校外企业导师的联系、沟通与协调。

（2）全面落实因材施教。因材施教是根据学生的实际学习情况、个性特征和现实需求去引导学生，将学生视为独特个体，不同学生采取不同教学方法进行教导。人类教育从师徒制发展到班级授课制，有效地提高了教育效率，但同时也弱化了因材施教。导师制是在班级授课制背景下的师徒制补充机制，在共性课程和共性教学环节实行班级授课提高教育效率的前提下，导师针对学生不同的个性特点、学习进程、成长困惑等，为全面培养卓越农业人才提供全面指导。

（3）导师职责明确化。第一，生活指导。从高中紧迫的学习氛围过渡到大学较为自由的学习氛围中，学生难免产生一系列不适应，导师在新生入学时应给予及时的疏解开导，帮助学生适应新的环境。第二，学习指导。指导学生制定全学程学业规划和分阶段的学习计划；导师向学生详细介绍专业课程体系，让学生对本专业有充分的认识和理解，同时介绍专业发展态势、就业方向，引导学生关注本学科前沿发展状况、开阔学生视野，便于学生能够根据自己的就业愿景和兴趣爱好在学习过程中有所侧重。全学程关注学生学业情况，指导学生提高学习能力；组织、指导学生开展社会实践活动，促进自主学习能力培养。第三，心理疏导。全学程关注学生的心理健康动态，及时帮助学生开导心理压力与困惑，指导学生形成健康积极向上的人格和三观。第四，创新创业指导。导师组织学生开展科技创新实践，积极申报各个创新性实验计划项目，安排学生提早进入实验室或跟随导师科研项目参加科研实践，激发学生的科研热情。

二、课堂教学改革实践

以学生发展为中心，通过教学改革促进学习革命，积极推广小班化教学、混合式教学、翻转课堂，大力推进智慧教室建设，构建线上线下相结合的教学模式。因课制宜选择课堂教学方式方法，科学设计课程考核内容和方式，不断提高课堂教学质量。积极引导学生自我管理、主动学习，激发求知欲望，提高学习效率，提升自主学习能力。

（一）小班化教学改革

关于小班化，教育界还没有一个确切的概念，从教学组织的形式看，是指一个教学班学生数量较少。这里体现了教育效率与教育效果之间的博弈：大班化具有更高的效率，但效果肯定要差些。卓越农业人才培养实行小班化教学教学班授课人数控制在 15～30 人，增加学生与教师的互动频度。

从小班化教学的内涵看，其最本质的特征是教育教学活动面向数量较少的学生个体，可以更有效地照顾到教学班的每个学生，贯彻因材施教原则。小班化教学是在学生数量控制在 30 人以下的教学班中面向学生个体，围绕学生发展而开展的教学活动。小班化教学活动会发生如下变化：一是教学活动在时间、空间上会得到重组，教师对个体情况可以得到有效响应。二是教学活动双方（教师与学生）的活动密度、强度、效度等以及师生间互动关系会得到增强和增加。三是教学的内容、方式、技术、评价会发生全新变化，并促进或推动教育理念的进步。

（二）国际化教学改革

复合应用型农业人才必须通过国际化教学改革来开拓学生的国际化视野。一是通过与国外知名高校交流培养、聘请海外专家授课和担任研究生导师团队成员，让学习者有更多的机会与国外专家交流学习。二是选派学生到"一带一路"相关国家或农业发达国家进行农业考察、暑期实习、交流学习等，拓展学生国际化视野，提高学生国际交流能力，强化国际化培养。

（三）教学方法与教学手段改革

混合式教学改革、讨论式教学与辩论式教学，都是激活学生思维，提高人才培养质量的重要手段。学生的学习时间总量有限，不管怎么改革，基本知识还是需要传授的，现代教育技术发展为知识传授提供了全新手段，微课、私播课、慕课等的呈现效果和运行规范不断改进，技术层面也不断成熟，使依托网络课程传授知识达到了课堂教学无法比拟的状态：5～15 分钟的知识点介绍时间设计考虑了人类的注意力集中时限，人机交互虚拟老师与学生直接交流，素材库为学生自学提供了广阔空间，实时字幕克服了老师的表达缺陷。

以网络课程资源为基础，依托现代教育技术开展混合式教学改革，实现专业主干课讨论式教学或辩论式教学改革全覆盖，全面提升学生的自主学习能力和思辨能力。实际操作中，讨论式教学一般提前 3 周布置主题，让学生查阅文献做好充分的知识准备，实施时按 6～10 人/组开展讨论。辩论式教学也是提前 3 周布置主题，学生查阅文献做好知识准备，实施时按每组 3～5 人组队辩论。

三、实践教学体系改革

植物生产类专业的实践教学体系改革，必须坚持"四年不断线"，形成全学程实践教学体系。在合理安排实验实习、教学实习、生产实习、毕业实习等实践教学环节的基础上，形成以下特色化的实践教学项目。

（一）农业农村认知实践

（1）教学目标：主动适应现代农业发展需求，全面了解农村、农业、农民，通过专业认知实践，深入农村、接触农民、了解农业，形成较全面的感性认识，进而上升到理性认识，拓展知识面，奠定专业基础。

（2）实施途径：专业认知实践的实施，既可组织针对性的教学实习，更重要的是学生必须高度重视平时积累，注意观察、分析、思考、判断。为此，平时必须多深入农村，可依托暑期社会调查、"三下乡"活动、教学实习、综合实习等环节，广泛走访、用心观察、认真分析，逐步提升对农业、农村、农民的深入认知和理性认识。

（3）主要内容：农业生物认知（农业植物、农业动物、农业微生物）、农业生产设备设施认知（水利设施、高标准农田建设、农业机械等）、农业经营环境认知（自然环境、经济环境、社会环境、技术环境）、农业文化认知（农业品牌文化资源、农业物质文化遗产、农业非物质文化遗产）等。

（二）农业技术操作实践

（1）教学目标：培养懂生产、会经营、善管理、能发展的复合应用型农业人才，必须熟悉农业生产过程和环节，必须参加一定的农业生产实践活动，掌握主要农作物种植技术、畜禽养殖技术、水产养殖技术和农副产品加工技术，夯实专业基础。

（2）实施途径：主要通过专业综合实践、"六边"综合实习来完成水稻、油菜、玉米、蔬菜等种植技术操作实践，通过参观现代化养殖场和农产品加工企业了解养殖业和加工企业的生产流程和环节，形成对农业生产过程的全面了解。

（3）主要内容：现代种植技术实践、现代养殖技术实践、农产品加工技术实践、农业环境治理技术实践。

（三）农业科技创新实践

（1）教学目标：培养科学研究和科技创新的初步能力，参与选题研究、试验方案设计、实施方案编制、田间试验实施、试验数据采集、试验总结和撰写学术论文等全过程，掌握农业科学研究的基本方法。

（2）实施途径："六边"实习期间，在教师指导下分班组完成，面向作物学领域的某一科学问题或技术瓶颈，完成一个田间试验的全过程。

（3）主要内容：农作物品种比较试验、农作物施肥技术试验、农作物水肥管理试验、农作物病虫草害防治试验等。

（四）农业技术推广实践

（1）教学目标：通过参与某项农业技术推广应用的实践活动，训练开展农业技术推广的基本能力。

（2）实施途径："六边"综合实习期间，在教师指导下分班组完成，深入当地农村基层组织、种养大户、家庭农场、农民专业合作社等，完成一项农业技术推广活动。

（3）主要内容：作物学领域的新技术、新品种、新模式、新材料、新方法等。

（五）农业经营管理实践

（1）教学目标：通过多途径的农业经营管理实践积累，了解各类农业经营主体的经营理念、决策过程、管理模式和管理策略，从而达到"会经营、善管理、能发展"的状态。

（2）实施途径：农业经营管理实践是一个复杂的系统工程，个人经历、观察、分析、思考、判断是提升管理能力的基本途径，因此必须重视知识获取、信息收集、理念提升、感受和体验等过程积累。本专业所安排的各类参观考察、教学实习、"六边"综合实习以及现代农业企业综合实习等实践教学环节，都是定向培养农业经营管理能力的重要途径。

（3）主要内容：农业经营主体（家庭农场、农民专业合作社、现代农业企业）、农业经营决策、农业资源管理、农业生产管理、产品营销管理、农业企业综合管理。

（六）农村基层工作实践

（1）教学目标：了解农村基层的实际情况，学习农村基层工作基本方法，掌握农民和农业生产单位的实际需求，脚踏实地服务"三农"。

（2）实施途径：农村基层工作实践主要依靠分阶段顶岗实习来实施，即在大学四年级期间，深入乡镇、村组和农户进行分阶段的顶岗位实习，有效积累农村基层工作经验。当然,在此之前利用寒暑假或节假日时间开展有关"三农"的社会实践活动,也是积累农村基层工作经验的重要途径。

(3)主要内容:农业基层工作常识(组织机构、工作对象、方法论基础)、农村基层行政事务工作、农村土地管理、农村人口管理、农村社会保障事务、大学生村官实践。

(七)农村社会调查实践

(1)教学目标:调查研究方法是重要的科学研究方法,同时也是重要的农村基层工作实践方法。没有调查就没有发言权,没有调查就不可能准确把握农村基层实际情况,没有调查就不可能发现问题、解决问题。因此,农村社会调查实践是复合应用型农业人才培养的最重要的实践环节。

(2)实施途径:农村社会调查具有广泛的内涵和多样化的实施途径,可依托课程教学实习、寒暑假社会调查、自发组织的社会实践活动来实施,也可以在"六边"综合实习、农业企业综合实习期间进行。

(3)主要内容:农业生产情况调查(包括农作物产量调查、作物生产成本/效益调查、畜禽养殖成本/效益调查、水产养殖成本/效益调查、林业生产成本/效益调查等)、农民生活状况调研(农村家庭收入调研、农村家庭支出调研、农村社会保障体系调研等)、特殊人群调研(留守儿童、空巢老人、失依儿童、"五保"户调研等)。

第三节 课程思政与专业思政

"为谁培养人、培养什么样的人、怎样培养人"是当今世界各国高度关注的重大问题,也是国家教育方针的基本内涵。思政教育、课程思政、专业思政的综合协同作用,是全面提升人才培养质量的社会本位价值体现。

一、思政教育改革实践

湖南农业大学以新农科建设"北京指南"为基本遵循,以培养农业现代化的领跑者、乡村振兴的引领者、美丽中国的建设者为目标,坚持系统规划、一体化推进,探索实践"1+2+3"农业高校思政教育的新模式、新路径和新机制。"1"指构建1个格局,即"力量整合、过程贯通、场域协同"的"三全育人"工作格局;"2"指两大体系,即课程生态体系和特色项目体系;"3"指三个抓手,即队伍、平台、机制三个抓手。

（一）三全育人新格局

构建"力量整合、过程贯通、场域协同"的"三全育人"大思政工作格局。

（1）着眼育人工作主体,深入推进"力量整合"工程,形成"全员育人"的强大合力。成立党委书记任组长、校长任副组长,相关单位负责人任成员的"三全育人"综合改革领导小组,负责制订"三全育人"综合改革实施方案。构建"以党委为核心力量,以二级学院党组织为主要组织者和推动者,以教师党支部为坚强战斗堡垒,以党员教师为实施主体,各职能部门、二级学院协同配合"纵向到底、横向到边的组织实施体系。实行"多对一"全程导师制,即由教师、辅导员、班主任、管理干部等组成"三全育人"团队,充分整合多个岗位的育人要素,共同对一个学生进行全程学业、生活和思想指导,实现"教"与"育""管"与"育""服"与"育"的融合。成立由党委书记亲自兼任中心主任的思政教育创新发展中心,作为理论与实践相结合的创新性研究型工作平台,为思政教育创新发展提供理论支撑和决策咨询。

（2）着眼育人生命周期,深入推进"生涯导航"工程,形成"全过程育人"的贯通效应。以服务学生成长成才为宗旨,整合校内外育人资源,设计阶梯形、螺旋式动态上升的"四纵八横"（一年级的"我与大学"价值引领与生涯规划教育,二年级的"我与社会"中国国情与世界形势教育,三年级的"我与职业"成长反思与职业发展教育,四年级的"我与未来"三农前沿与创新能力教育）主题教育矩阵,将专业教育和思政教育有机融合。

（3）着眼育人空间场域,深入推进"十大育人"工程,形成"全方位育人"的立体结构。坚持"十体系联动",通过优化内容供给、改进工作方法、创新工作载体,营造育人新生态,着力培育"叫好叫座"的育人工作品牌等途径来统筹推进课程育人,着力加强科研育人,扎实推动实践育人,深入推进文化育人,创新推动网络育人,大力促进心理育人,切实强化管理育人,不断深化服务育人,全面推进资助育人,积极优化组织育人。

（二）立德树农新体系

（1）构建体现"知农爱农"要求的课程生态体系。贯彻习近平总书记重要回信精神，对接高等教育改革主旋律、卓越农林计划 2.0 和新农科建设，着力构建"体现'知农爱农'要求，以思政课程为核心，以专业课程思政建设为支撑，以'大国三农'通识教育课为特色，各类课程同向同行、同频共振"的思政教育课程体系，讲清楚"中国要强，农业必须强；中国要美，农村必须美；中国要富，农民必须富"的深刻内涵。按照培养德智体美劳全面发展的"知农爱农"新人才的要求，推进"四维共进、集成创新"的思政课教学改革。优化课程，打造 2 门示范性"金课"，开发"中国精神"系列选修课，建设"习近平'三农'思想与乡村振兴"品牌课程；深耕教材，切实推动教材体系向教学体系转化，实行专题式教学；改进教法，贯彻落实"八个相统一"的要求，增强思政课的思想性、理论性和亲和力、针对性；强化师资，建立健全思政课教师专业发展体系，推广集中研讨提问题、集中备课提质量、集中培训提素质"三集三提"有效做法，构建符合思政课教师职业特点和岗位要求的评价体系。

（2）构建体现"知农爱农"要求特色项目体系。突出创新导向、特色导向、实践导向，分知农、爱农、为农三个板块构建农业高校思政教育特色项目体系。"知农"教育：拓展"乡镇之声进课堂""县（市长）论坛"活动；以"六求""四坛（堂）"（科学论坛、人文讲坛、创业论坛、修业大学堂）、"四节"（学术科技节、文化艺术节、体育运动节、宿舍文化节）、"一讲"（湘农会讲）为载体，开展更多融会农科特色和思政元素的讲座；在校外共建一批"大国三农"教育基地，如隆平水稻博物馆、田汉文化园等；在校内自主建设具有校本特色的"大国三农"文化图腾，如湖湘农耕文化博物馆、院士和杰出校友雕像群等，深化学生对"三农"的理性认知。"爱农"教育：拓展农学类专业"七边"综合实习（边生产实习、边教学、边科研、边技术推广、边社会调查、边做群众工作、边培养三农情怀）、"三基地四平台"等特色项目，以感恩乡土、感悟乡村、感知乡音、感动乡民的足迹和历练锻造学子心系三农、情牵三农、行为三农的赤子情怀。"为农"教育：拓展"博士团下乡""大学生三下乡"项目，建设乡村振兴综合实习实验基地，让学生在深入农村、服务农民、献身农业的火热实践中找到自己、发现自己、唤醒自己、成为自己。

（三）思政教育新抓手

（1）抓队伍，做强全员育人。将教师、辅导员、管理人员、毕业校友等打造成"育人共同体"，推动育人资源共建共享，开展育人经验交流，使各类人员共唱育人"合奏曲"。实行"思政课教师、思政工作者＋"模式。思政课教师、辅导员、管理人员与专业教师一一配对，以"课程思政""通识教育"工作坊、名师工作室等形式为载体开展深度协作，打造思政教研共同体。实行"党员、党支部活动＋"模式。坚持支部引领、党员先行，探索教师党支部与专业课程教研活动相结合的工作机制，结合主题党日活动开展"课程思政"研讨，使教师形成落实立德树人根本任务的政治共识。实行"校外资源＋"模式。汇聚校外各种社会资源、拓展育人空间，与政府、行业产业和用户实现多元主体的跨界整合，协同开展多领域、多维度的思政教育。

（2）抓平台，做特全方位育人。推进理论课程平台、实践课程平台、课外活动平台的融合建设，实现思政元素从理论课堂到实践课堂的映射和迁移。专业实践平台与思政实践平台的融合。将专业课实践教学与思政课实践教学进行一体化设计，让思政教育走出教室、走进山水林田湖草，激励青年学子在农业农村广阔天地建功立业。第一课堂和第二课堂的融合。创新校园文化活动中思政元素融入的方式，打造彰显校本特色的"十全十美"育人一体化平台，充分发挥第二课堂以文化人、以文育人功能。线上线下平台的融合。推进线上线下育人资源共享，形成网上网下教育同心圆，推动网络这个最大变量成为思政教育的最大增量。

（3）抓机制，做实全程育人。质量保障机制。研究制定思政课、课程思政、通识课建设质量标准体系，完善思政教育质量管理制度，强化动态监督，提升教师的自我约束能力。激励约束机制。把各类育人主体参与思政教育改革情况及其实践效果作为年度考核、岗位聘用、评奖评优、职称晋升、目标管理考评的重要依据，加大激励的广度和力度，增强参与思政教育的主观动力。培养培训机制。构建以提高思政教育意识和能力为核心的分层分类培训体系，使各类育人主体掌握农业人才思政教育的内容体系、规律特征和方法运用等。

二、课程思政主题精选

人才培养是育人和育才相统一的过程。建设高水平人才培养体系，必须将思想政治工作体系贯通其中，必须抓好课程思政建设，解决好专业教育和思政教育"两张皮"问题。要牢固确立人才培养的中心地位，围绕构建高水平人才培养体系，不断完善课程思政工作体系、教学体系和内容体系。

课程思政并不是简单地重复思政教育的内容，而是要在课程教学过程中体现育人目标。植物生产类专业人才培养过程中，课程教学过程中的课程思政主题很多，湖南农业大学主要将以下主题内容恰当地切入到课程教学过程中，实现育人与育才的统一。

（一）理想信念教育主题类

（1）爱党、爱国、爱人民教育。课堂教学实践中，根据教学内容的相关性，合理插入爱党、爱国、爱人民的教育话题，使学生坚定拥护中国共产党的领导、热爱中华民族和中国人民，立志为中华民族的伟大复兴做出贡献。

（2）中国特色社会主义教育主题。在课程教学过程中，根据教学内容的相关性，合理插入中国特色社会主义教育，使学生坚定理想信念，立志在中国特色社会主义建设事业中做出应有的贡献。

（3）中国梦教育。课程教学中注意恰当地插入中国梦教育。"中国梦"是民族梦、国家梦，归根到底更是人民的梦。14 亿国人寻梦、追梦、圆梦，通力同行共筑国家富强、同心同德凝聚大国信仰。

（4）社会主义核心价值观教育。课程教学过程中恰当插入社会主义核心价值观教育。倡导富强、民主、文明、和谐，倡导自由、平等、公正、法治，倡导爱国、敬业、诚信、友善，积极培育和践行社会主义核心价值观。在社会主义核心价值观基本内容中，富强、民主、文明、和谐是国家层面的价值目标，自由、平等、公正、法治是社会层面的价值取向，爱国、敬业、诚信、友善是公民个人层面的价值准则。

（二）家国情怀教育主题类

（1）国家安全意识。2015 年 7 月 1 日，第十二届全国人民代表大会常务委员会第十五次会议通过《中华人民共和国国家安全法》。维护国家安全是每个公民的基本责任，植物生产类专业的课程教学中，粮食生产既是重要的民生工程，更是国家安全的重要内容；动植物检疫本身就是国家安全的保障措施，防止检疫性生物入侵，维护国家安全。

（2）依法治国理念。依法治国就是依照体现人民意志和社会发展规律的法律治理国家，而不是依照个人意志、主张治理国家；要求国家的政治、经济运作、社会各方面的活动统统依照法律进行，而不受任何个人意志的干预、阻碍或破坏。

（3）"一懂两爱"情怀。引导学生以强农兴农为己任，"懂农业、爱农村、爱农民"，树立把论文写在祖国大地上的意识和信念，增强学生服务农业农村现代化、服务乡村全面振兴的使命感和责任感，培养知农爱农创新人才。

（4）"大国三农"意识。中国已成为世界第二大经济体（不久的将来是第一大经济体），由世界大国向世界强国转变，必须在不同领域全面提升综合国力，农科类大学生必须具有国际化视野和"大国三农"情怀。

（三）生态文明教育主题类

（1）可持续发展理念。可持续发展作为一个明确的概念，是1980年由国际自然资源保护联合会、联合国环境规划署和世界自然基金会共同出版的文件《世界自然保护策略：为了可持续发展的生存资源保护》中第一次出现的。1987年，布伦特兰夫人（Gro Harlem Brundtland, 1939—）领导的世界环境与发展委员会发表了《我们共同的未来》，报告中首次对可持续发展的概念进行界定。人类只有一个地球，地球的生态系统是没有国界的，生物圈的任何一个部分遭到破坏，都会危及整个生态系统的健康与安全，危及人类的安全。任何一个地区、一个国家的生态危机成本和生态安全效应都会外溢，都会关系到周边国家和地区，乃至全球的利益，这就决定了在生态安全问题的解决上必须加强区域合作和国际合作。

（2）生态哲学与生态思维。哲学是理论化、系统化的世界观和方法论，是对自然知识、社会知识、思维知识的概括和总结。当代生态学已分化为基础生态学、广义生态学、泛义生态学三大领域，其中泛义生态学研究宏观层面的生态学原理与规律以及由此抽象出的哲学思想和思维方法。可见泛义生态学本质上就是生态哲学。生态哲学是基于生态自然观的社会意识形态、人类精神和社会制度的总和。包括生态理念影响下的物质文化、行为文化和精神文化。生态哲学的世界观是生态自然观，生态哲学的价值观是环境价值论，生态哲学的方法论是生态思维。生态思维是生态哲学的方法论，是协调人与自然关系的思想基础或思维模式。生态思维的总体框架，从宏观层面讨论，第一，是基于生态系统观的全局思维，强调全局意识和系统分析。第二，生态自然观与可持续发展思维，既要考虑当代人的利益实现社会公正，也要考虑子孙后代的利益实现代际公平。第三，协同进化的调控思维，要求对系统采取调节和控制措施时必须全面分析各种构成要素之间的相互作用，通过协同进化实现系统功能提升。第四，是泛生态位趋适思维，关注系统内各种组分的相互关系和系统结构合理性，推进系统内的泛义生态位合理利用、功能发挥和协调进化。生态思维的微观系统，可以概括为五大操作性思维：一是生命价值情感思维，奠定生物多样性和景观多样性保护的思想基础，立足地球生物圈乃至宇宙，形成生命共同体意识；二是环境价值理性思维，依托经济核算体系改革和公共政策支持体系，构建人与自然和谐发展的长效机制；三是生态伦理思维直觉，推进基于生态自然观和环境价值论的生态文明建设，形成全球性生态伦理的自觉行为理念支撑和思维直觉；四是生态美学思维灵感，激发人类思维灵感；五是生态哲学思维顿悟，激活人类的创造性思维源泉。

（3）绿水青山就是金山银山。这是生态哲学思维、生态自然观和环境价值论的具体表达。自然观是关于自然界以及人与自然关系的总的看法和观点，是对世界的最基本的哲学认识。人类的自然观表现出模式化的发展演化规律：古代人类自然观的基本思想，自然至上、人类屈从，敬畏自然、图腾崇拜，崇尚先人、消极适应。工业革命以后，人类利用工具改造自然形成了巨大的成就感，从而形成了人类中心主义自然观，其基本内涵是：人类中心、自然屈从，征服自然、改造自然，崇尚工具、掠夺经营。20世纪中后期开始，人类反思人类中心主义和掠夺式经营所带来的恶果和生态灾难，逐步形成当代生态自然观：平等互利、和谐共存，尊重自然、节约资源、环境友好、代际公平。生态自然观，重视构建人类社会与自然界融合的命运共同体，倡导人与自然和谐永续共存、人类社会与自然界持续、协同发展。

（4）环境价值论与生物多样性保护。劳动价值论认为，商品价值是凝结在商品中的无差别的人类劳动，包括物化劳动与活劳动。效用价值论认为，商品价值取决于人对商品效用的主观心理评价或商品对人的欲望满足能力。传统价值理论指导下的生产实践，出现了"成本外摊"和"收益外泄"等现象，在衡量生态环境效益方面出现了"市场失败"，逐步形成了环境价值论。环境价值论认为，商品的价值应包括劳动价值和自然价值两大部分，其中劳动价值包括物化劳动和活劳动。同样，生产过程中产生了改善环境、增殖资源等方面的效益，那这部分效益也应作为自然价值加入到商品价值中。在价值实现时，消耗了自然资源和利用了自然过程的自然价值部分，是生产经营者对整个社会的公共财富的消耗，自然价值应体现在成本核算中，并以税赋等方式反馈社会。另一方面，生产过程中创造的改善环境、增殖资源等方面的自然价值，是生产经营者对社会的贡献，但其效益归整个社会共同享受，那这部分价值就应以货币的方式补给生产经营者，以提高公民改善环境、增殖资源的积极性。

（四）文化素养教育主题类

（1）传统文化传承。中华民族具有悠久的历史文化传承，南怀瑾有言："上下五千年，纵横十万里，经纶三大教，出入百家言。"以孔丘、孟轲为代表的儒家文化，重视教化，认为人的本性是好的，恶习是后来染上的，治理社会必须从道德教育入手，劝人们放弃恶习，回归和发挥先天性的善，四书五经是儒家文化的经典。以李耳、庄周为代表的道家文化，关注个人修炼，强调"无为"而治，重视人与自然的和谐协调，体现了以人为本、顺应自然的朴素唯物主义思想，《道德经》《庄子》是道家文化的经典。释迦牟尼创建佛教文化，自印度传入我国后已有近 2000 年的本土化发展，信奉因果报应、众生平等，小乘修现世福报，大乘由色入空修来世，强调知错就改，推崇自由思想和理性分析，体现了佛教的多元价值观。

（2）农耕文明遗产。我国传统农业具有悠久的历史、丰富的文化内涵和鲜明的地域文化特色：农政、农艺和传统手工艺构成农耕文化的物质财富基础，形成了男耕女织、铁犁牛耕、精耕细作为基本特征的自给自足小农经济；基于封建宗法制度和宗族制度的生息环境，形成了政权、族权、神权、夫权交织的社会秩序和人际环境；封建宗教信仰和伦理道德体系，形成了三教融合、纲常伦理、乡风民俗交织互构的社会多元化主流价值观；阳春白雪和下里巴人的农耕时代文化艺术，铸就了传统演艺、民俗文化、宗教文化和琴棋书画等多维文化陶冶环境。农耕文明的历史沉淀，形成了大量的物质文化遗产和非物质文化遗产。

（3）科技文明发展动态。现代信息技术、现代生物技术、现代装备技术、现代农艺技术迅速发展，为农业生产提供了强劲的科技支撑，植物生产类专业人才培养必须贯穿科技文明最新发展动态，与时俱进更新教学内容。

（五）提升个性修养主题类

（1）生命价值情怀。生命是指能回应刺激，具有能量代谢功能和繁殖的开放性系统。生命具有四个维度：长度即寿命，宽度指生命的内涵和质量，高度指思想境界和心智能量，纯度指精神品质和修养程度。

（2）世界观、人生观、价值观教育。世界观是人们对生活于其中的整个世界以及人和外在世界之间的关系的根本观点、根本看法。人生观是对人生目的、意义的根本看法和态度。价值观是基于背景知识和思维基础而作出的认知、理解、判断或抉择，也是认定事物、辨别是非的一种思维或价值取向。

（3）职业理想与职业道德教育。职业理想是人们在职业上依据社会要求和个人条件，借想象而确立的奋斗目标，即个人渴望达到的职业境界。职业道德是指从事一定职业的人员在职业活动中应遵循的行为规范的总和。

三、专业思政实践探索

2018年，时任教育部部长陈宝生在全国高等学校本科教育工作会议上发表重要讲话，并正式提出了"专业思政"的概念，这是我国思想政治教育工作的重大突破，"专业思政"由此产生。同年10月，教育部下发的文件（教高〔2018〕2号）中，对强化"课程思政"和"专业思政"的建设和实施提出了要求，具体来说，就是要在基础课程和专业课程等所有课中，融入思想政治教育，在实现"立德树人"的教育目标的过程中发挥好主渠道、主阵地的作用。

（一）专业思政和课程思政的关系

（1）专业思政是专业培养目标的方向性把握。专业培养目标必须体现教育方针的三个核心问题：为谁培养人、培养什么样的人、怎样培养人。专业思政立足本专业的学科特点和社会价值空间，培养学生的社会责任感，实现立德树人目标。2018年，习近平总书记在全国高校思想政治工作会议上提出"全员育人、全程育人"的总方针，重点落在"育人"二字，全员育人强调高校的全体教职员工都负有育人责任，具体表现为教书育人、管理育人、服务育人；全程育人强调育人理念贯穿于教育全过程，真正实现育人与育才的统一。

（2）专业思政是专业层面的课程思政体系化整合和具体实施。广义的课程思政应包括教育全过程中的全部教学环节或教学活动，新生入学教育、军事训练、理论课、实验课、实践教学环节都应有课程思政的内容。因此，专业思政是课程思政在专业层面的整合和具体实施。

（3）不同专业大类或不同专业具有差异化的专业思政内涵。大学教育是职前教育，每个专业都有其对接的职业岗位群和行业领域，不同行业、不同岗位具有差异化的社会责任和社会价值，专业思政必须根据本专业所对应的职业岗位群或行业领域，开展特色化的专业思政建设。

（二）"大国三农"通识教育

专业思政不是单纯的思想政治教育，要从文化、社会和科学三个维度，将"大国三农"通识教育课程划分为三个板块。文化艺术与农业历史板块侧重开展"知农爱农为农"价值引领教育，通过编辑出版历代描绘农业的诗词作品集、建设著名乡土作家文学作品的陈列柜、开设世界和中国农业史课程等方式，增强学生对"大国三农"的道路、理论、制度和文化自信。农业经济与社会发展板块侧重向学生传授经济学、社会学、心理学、人类学、管理学、政治学等知识，对学生进行粮食安全、生态文明和生命意识教育，引导学生深入认识"大国三农"的规模优势、多元结构、内源发展等特征，使学生能适应农业创新发展、乡村一二三产业融合发展、现代职业农民素养发展的新趋势。自然科学与哲学方法板块侧重通过现代农业科学与技术等实证推理类课程，培养学生的科学精神和理性分析能力；通过哲学方法类课程，培养学生的大国"三农"自主思维、创新思维、整合思维、稳健思维、全球思维、共赢思维，使学生自觉担当起科技创新、建设"美丽中国"、乡村振兴以及构建人类命运共同体的历史使命。

（三）植物生产类专业思政特色主题

（1）宣传党的惠农强农政策。党和政府高度重视农业农村发展，不断出台强农惠农政策，实现乡村振兴。植物生产类专业必须体现这方面的宣传教育，提升专业思政实效。

（2）拓展学生的国际化视野。经济全球化和全球一体化趋势，使任何国家的任何产业都成为全球经济的组成部分，农业和农产品贸易更是WTO（世界贸易组织）重点关注的内容。植物生产类专业的学生必须了解全球农业发展动态，具有农业国际化视野。

（3）了解农业农村发展动态。新时期的农业、农村、农民已颠覆传统印象，乡村振兴战略的全面实施，更使近年来农业农村变化日新月异，农民也已突破刻板印象，植物生产类专业的学生必须了解农业农村发展动态。

（4）提升农业信息化实战能力。新农科建设强调传统农科专业的改造，要用现代信息技术、现代生物技术、现代装备技术武装农业，学生必须具有较强的农业信息化知识和实战能力，为推进数字农业建设、精准农业实践和智慧农业探索做出贡献。

第五章　作物学研究生培养改革实践

　　研究培养依赖于学科资源、创新平台和实践基地，湖南农业大学在不断加强学科建设的前提下，积极探索研究生培养改革，形成了作物学研究生"65442"创新创业人才培养体系，持续开展博士层次高端创新人才培养改革实践。

第一节　作物学一流学科建设实践

一、一流学科建设概述

（一）学科

　　学科是某一客观事物某一方面的科学领域。一般认为，可以从三个不同的角度来阐述学科的含义：从创造知识和科学研究的角度来看，学科是一种学术的分类，指一定科学领域或一门科学的分支，是相对独立的知识体系；从传递知识和教学的角度看，学科就是教学的科目；从承担教学科研的人员来看，学科就是学术的组织，即从事科学与研究的机构。这里使用第一种定义。《中华人民共和国学科分类与代码国家标准》简称《学科分类与代码》，是我国关于学科分类的国家推荐标准，最新版本是 GB/T 13745-2009。共设 5 个门类（A 自然科学、B 农业科学、C 医药科学、D 工程与技术科学、E 人文与社会科学）、62 个一级学科、748 个二级学科、近 6000 个三级学科。

　　高等学校一般适用教育部《学位授予和人才培养学科目录》。在高等学校研究生教育体系设置中，一级学科是学科大类，二级学科是其下的学科小类。截至 2021 年 1 月 14 日，共设 14 个学科门类（哲学、经济学、法学、教育学、文学、历史学、理学、工学、农学、医学、管理学、军事学、艺术学、交叉学科)、112 个一级学科。例如,农学大类下有 0901 作物学、0902 园艺学、0903 农业资源与环境、0904 植物保护、0905 畜牧学、0906 兽医学、0907 林学、0908 水产、0909 草学九个一级学科。作物学是农学大类的核心学科之一,其下又分调作物育种学和作物栽培学 2 个二级学科。

在本科教育领域,《普通高等学校本科专业目录(2012 年)》是高等教育工作的基本指导性文件之一。它规定专业划分、名称及所属门类,是设置和调整专业、实施人才培养、安排招生、授予学位、指导就业,进行教育统计和人才需求预测等工作的重要依据。在这个体系中,分设哲学、经济学、法学、教育学、文学、历史学、理学、工学、农学、医学、管理学、艺术学 12 个学科门类。农学门类下设专业类 7 个:0901 植物生产类、0902 自然保护与环境生态类、0903 动物生产类、0904 动物医学类、0905 林学类、0906 水产类、0907 草学类,其中植物生产类包括 090101 农学、090102 园艺、090103 植物保护、090104 植物科学与技术、090105 种子科学与工程等专业。

(二)学科建设

学科建设至少包括六个方面的内容:①学科组织建设,包括学术组织体系、管理机构系统和支持保障系统建设。②创新团队建设,包括学术方向凝练、学术梯队构建、团队建设策略等。③创新平台建设,包括层级平台建设、科研资源积累、平台应用绩效。④创新基地建设,包括科技创新基地、中试示范基地、推广应用基地。⑤学术成果凝练,包括基础研究积累、技术解决方案、工程应用系统。⑥学科文化建设,包括学术软环境建设、科学哲学呈现态和学派传承意识流(图 5-1)。

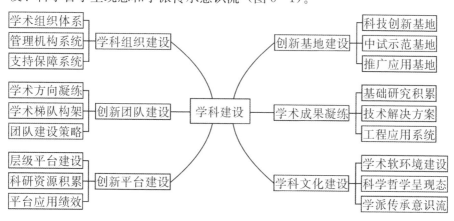

图 5-1 学科建设的基本内容

（三）一流学科建设

一流学科是指拥有一流科研，产出一流学术成果，具有一流的教学水平，培养出一流的人才，在科学研究、技术创新、工程应用等方面作出了突出贡献的学科。一流学科分为世界一流学科、国内一流学科、区域一流学科。

（1）建设一流创新团队。深入实施人才强国战略，强化高层次人才的支撑引领作用，加快培养和引进一批活跃在国际学术前沿、满足国家重大战略需求的一流科学家、学科领军人物和创新团队，聚集世界优秀人才。遵循教师成长发展规律，以中青年教师和创新团队为重点，优化中青年教师成长发展、脱颖而出的制度环境，培育跨学科、跨领域的创新团队，增强人才队伍可持续发展能力。加强师德师风建设，培养和造就一支有理想信念、有道德情操、有扎实学识、有仁爱之心的优秀教师队伍。

（2）培养拔尖创新人才。坚持立德树人，突出人才培养的核心地位，着力培养具有历史使命感和社会责任心，富有创新精神和实践能力的各类创新型、应用型、复合型优秀人才。加强创新创业教育，大力推进个性化培养，全面提升学生的综合素质、国际视野、科学精神和创业意识、创造能力。合理提高高校毕业生创业比例，引导高校毕业生积极投身大众创业、万众创新。完善质量保障体系，将学生成长成才作为出发点和落脚点，建立导向正确、科学有效、简明清晰的评价体系，激励学生刻苦学习、健康成长。

（3）提升科学研究水平。以国家重大需求为导向，提升高水平科学研究能力，为经济社会发展和国家战略实施作出重要贡献。坚持有所为有所不为，加强学科布局的顶层设计和战略规划，重点建设一批国内领先、国际一流的优势学科和领域。提高基础研究水平，争做国际学术前沿并行者乃至领跑者。推动加强战略性、全局性、前瞻性问题研究，着力提升解决重大问题能力和原始创新能力。大力推进科研组织模式创新，依托重点研究基地，围绕重大科研项目，健全科研机制，开展协同创新，优化资源配置，提高科技创新能力。打造一批具有中国特色和世界影响的新型高校智库，提高服务国家决策的能力。建立健全具有中国特色、中国风格、中国气派的哲学社会科学学术评价和学术标准体系。营造浓厚的学术氛围和宽松的创新环境，保护创新、宽容失败，大力激发创新活力。

（4）传承创新优秀文化。加强大学文化建设，增强文化自觉和制度自信，形成推动社会进步、引领文明进程、各具特色的一流大学精神和大学文化。坚持用价值观引领知识教育，把社会主义核心价值观融入教育教学全过程，引导教师潜心教书育人、静心治学，引导广大青年学生勤学、修德、明辨、笃实，使社会主义核心价值观成为基本遵循，形成优良的校风、教风、学风。加强对中华优秀传统文化和社会主义核心价值观的研究、宣传，认真汲取中华优秀传统文化的思想精华，做到扬弃继承、转化创新，并充分发挥其教化育人作用，推动社会主义先进文化建设。

（5）着力推进成果转化。深化产教融合，将一流大学和一流学科建设与推动经济社会发展紧密结合，着力提高高校对产业转型升级的贡献率，努力成为催化产业技术变革、加速创新驱动的策源地。促进高校学科、人才、科研与产业互动，打通基础研究、应用开发、成果转移与产业化链条，推动健全市场导向、社会资本参与、多要素深度融合的成果应用转化机制。强化科技与经济、创新项目与现实生产力、创新成果与产业对接，推动重大科学创新、关键技术突破转变为先进生产力，增强高校创新资源对经济社会发展的驱动力。

二、湖南农业大学作物学简介

湖南农业大学作物学始建于 1926 年，前身为湖南大学农科，1951 年隶属于湖南农学院农学系。1978 年开始招收硕士研究生，1981 年获得硕士学位授予权，1986 年获博士学位授予权，1995 年建立博士后流动站，1998 年获一级学科博士授予权。作物学科下设作物栽培学与耕作学、作物遗传育种、种子科学与技术、作物信息科学、烟草学、草业科学与技术等6 个二级学科。作物学为湖南省国内一流建设学科，湖南省"十二五"特色优势重点学科，二级学科作物栽培学与耕作学为国家重点学科，作物遗传育种为湖南省特色优势重点学科。作物学在教育部第四轮学科评估中位居 B+ 类。作物学现设 5 个研究方向和团队。

方向一：作物生理生态与分子生物学。本研究方向主要开展南方主要农作物的生长发育与产量品质形成规律研究；作物高产、优质、高效、抗逆、生态栽培理论研究；作物产量与品质调控生理生态与分子机制研究；作物适应高效栽培措施的生理与分子机制研究。

方向二：作物遗传育种和种质创新。本研究方向主要开展主要农作物的重要种质及基因资源的发掘、鉴定与利用；通过传统和现代分子育种手段相结合培育作物新品种；作物杂种优势利用理论与技术研究；作物遗传育种新理论新方法研究。

方向三：作物多熟制理论与技术。本研究方向主要开展主要农作物的高产、优质、高效、抗逆栽培技术研究；作物物化栽培产品与技术研究；以农田资源综合利用为核心的农田种植制度与种植模式优化研究；南方中低产稻田改良、农业综合开发、农业防灾抗灾、保护性耕作技术研究；农业高效持续发展理论与战略研究；基本农田适宜性评价和可持续利用技术研究；适应南方多熟制地区的品种筛选研究；作物副产物综合利用研究。

方向四：作物种子科学与技术。本研究方向主要开展主要农作物的种子种苗生产、加工、贮藏过程中的生理生化特性及调控原理研究；种子采收工艺、收后干燥、分级、包装、贮运方法研究；杂交种子高产、高效、机械化生产技术研究；种子清选、包衣丸化、光电处理和播种方法的理论研究和相应的工程设施研究；亲本繁殖和杂交种子生产基地生态模型以及安全生产研究；作物种子生理、生化检测与鉴别研究。

方向五：作物信息技术与智慧农业工程。本研究方向将大数据、遥感、决策模型、人工智能、物联网、软硬件工程等高新技术与作物学相结合，重点开展农情信息的立体化感知、农作处方的精确化设计、农田管理的精确化作业、农作生产力的精确化预测、农产品质量与安全追溯、农业经济运行监测预警等领域的应用基础研究、关键技术研发和工程产品示范应用等，探索数字农业建设、精准农业实践和智慧农业应用等。

三、作物学一流学科建设行动

（一）学科历史传承

（1）前辈宗师奠定文化底蕴。相对遗传力理论奠基人裴新澍教授、麻类学科奠基人李宗道教授、南方小麦研究开拓者盛承师教授、优质晚籼稻育种先驱康春林教授、南方稻田多熟制研究开拓者刁操铨教授等先辈大师奠定了作物学的学科文化底蕴。

（2）当代大师演绎导师风范。中国工程院资深院士官春云在"双低"油菜、高油酸油菜、油菜生产机械化等领域的卓越贡献，水稻育种大师陈立云教授的杰出贡献，邹应斌教授的杂交稻印刷播种大苗机插轻简化技术创新，国家级教学成果获得者周清明教授在高教管理领域的杰出贡献，稻田生态种养集大成者黄璜教授和省级优秀教师屠乃美教授等一批当代大师，兢兢业业地展现着做人、做事、做学问的导师风范。

（3）青年才俊托起明日辉煌。作物学涌现出一批成就斐然的青年才俊，他们正在托起明日辉煌。

（二）学科资源积淀

1981 年获得硕士学位授予权，1986 年获得博士学位授予权，1995 年设置农学博士后科研流动站，1999 年设置作物学博士后科研流动站。拥有16 个国家级和省部级研究平台、6 个研究机构，有 1 个国家级 2011 协同创新中心（南方粮油作物协同创新中心）和 1 个省级 2011 协同创新中心（南方稻田作物多熟制现代化生产协同创新中心），形成了一批国家级和省部级科研成果，作物学教师团队被教育部认定为首批全国高校黄大年式教师团队，奠定了创新创业教育和高素质人才培养的资源基础。

（三）学科发展思路

（1）湖南省新农科建设的引领者：树立"四新"理念，提升人才培养能力和科技创新水平，积极推进湖南省数字农业建设、精准农业实践和智慧农业探索，引领湖南省农林院校新农科建设。

（2）国家粮油安全的智力成果贡献者：水稻、油菜是湖南传统优势产业，也是我校作物学科技创新的重点领域，在种质创新、品种选育、生理机制、生态机理、现代作物生产等方面发挥智力支撑作用。

（3）南方稻田多熟制研究的持续攻坚者：多熟种植是传统农业的精华，适应现代农业发展步伐，创新南方稻田多熟制技术体系是新时代的新任务。

（四）学科发展策略

（1）人才培育与引进：加大人才培育与引进力度，组建结构合理的高水平团队，加速五大研究方向的领军人物培养，构建金字塔形的团队结构，全面提升团队整体的科技创新能力和综合实力。

（2）优化资源配置：整合校内实验平台资源、创新平台、教学科研综合实习基地等资源，实现国家重点实验室（省部共建国家重点实验室已经申报）。

（3）"三位一体"团队建设：科技创新、人才培养、社会服务"三位一体"团队建设，培育科技创新大成果、教学研究与教学改革大成果、社会服务大手笔。

第二节　高素质创新创业能力培养体系

自 1980 年开始，作物学教师团队积极探索研究生培养体系，逐步形成了作物学研究生"65442"创新创业能力培养体系：以六大作物学研究生培养问题导向，实现五大机制创新，推进四大资源建设，实行四大改革举措，实现"双创"（创新创业）能力提升（图 5－2）。

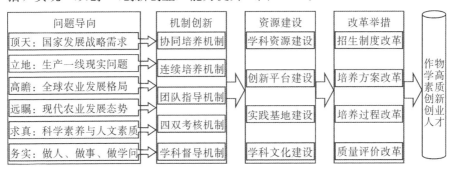

图 5－2　作物学研究生"65442"创新创业能力培养体系

一、问题导向

湖南农业大学作物学教师团队在广泛调研和实践探索中凝练了作物学研究生培养的六大问题或改革方向。

（一）顶天：国家发展战略需求

农业是国民经济的基础，属于第一产业，作物学研究生必须面对国家发展战略需求，不同时期从不同角度为国家发展战略做出贡献。

（二）立地：生产一线现实问题

中国是人口大国，农业的基础地位十分重要，作物学研究生必须认真分析农业生产一线的生产问题和技术瓶颈，练就扎实功底。

（三）高瞻：全球农业发展格局

新时期的作物学研究生必须具有国际化视野，具有"大国三农"情怀，必须较准确地把握全球农业发展格局。

（四）远瞩：现代农业发展态势

农业现代化具有时代特征，作物学研究生必须准确把握现代农业发展态势，凝练研究方向。

（五）求真：科学素养与人文素质

作物学研究生属于高端创新人才，既要有严谨的科学素养，也要有较高的人文素质。

（六）务实：做人、做事、做学问

怎样做好人？怎样做好事？怎样做好学问？既是研究生培养过程中的重要内容，更是导师和导师团队的典范作用和榜样效应的综合体现。

二、机制创新

（一）协同培养机制

利用多维教学资源生态位，实现高等学校、科研院所、农业企业和生产一线协同培养。充分利用本校基本办学条件、学科资源、创新平台和国内外其他高校的特色资源，定向利用本地科研院所和国内外科研院所的特色资源支撑创新能力培养，面向现代作物生产的国家政策导向、地方个性化需求以及现代作物生产的科学问题和技术瓶颈，结合家庭生活、社区环境、校园文化等方面的体验和自我修养，融合科学素质与人文素养教育，提升科学哲学素养，强化科技创新实践能力训练，实现做人、做事、做学问的迭代与递进式发展（图5-3）。

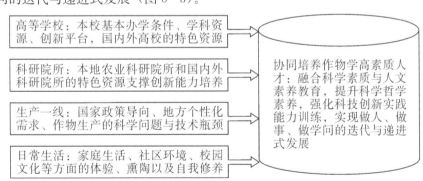

图5-3　作物研究生协同培养机制

（二）连续培养机制

构建"3+X"连续培养模式，实现"3+4"本—硕连续培养、"3+3+3"本—硕—博连续培养机制创新（参看图4-1）。

（1）"3+4"专业硕士培养模式。对接"3+1"复合应用型人才培养模式，在推免生中遴选培养对象，跨学科进入专业硕士培养阶段，形成横向拓展型知识结构和能力体系，培养硕士层次高素质复合应用型人才。

（2）"3+4"学术硕士培养模式。对接"3+1"拔尖创新型人才培养模式，在推免生中遴选培养对象，同学科进入学术硕士培养阶段，形成纵向延伸型知识结构和能力体系，培养硕士层次拔尖创新型人才。

（3）"3+3+3"本硕博连续培养模式。对接"3+1"拔尖创新型人才培养模式，在推免生中遴选表现突出且具有一定科技创新成果的优秀学生，全程融入导师团队，第四学年进入学术型硕士培养阶段，第五学年注册为学术型硕士研究生，第六学年取得硕—博连读资格（综合评估达不到要求者转为"3+3"学术型硕士培养），全学程9年，培养博士层次高端创新人才。

（三）团队指导机制

以创新团队为执行单位，团队内全体导师的硕士研究生和博士研究生统一管理，实行周例会制、培养环节预演机制，统筹研究生培养过程管理。导师团队的每位导师研究方向不同、研究背景不一、性格各有特点，使得学生能够吸收多位导师在科研、协作、做事等方面的优点，有助于人格的完善和创新思维、创新能力培养。责任导师是学习者成长成才的第一责任人，导师团队成员则从不同角度、不同学科、不同途径指导学生，实现对学生的精英式培养。

（四）"四双"运行机制

"四双"包括双导师制、双导向制、双向考核制、双边监控制。

（1）双导师制。坚持校内导师与校外导师结合指导制度，校内导师注重理论与科研能力培养，校外导师注重实践技能的训练与提高；

（2）双导向制。重点培养实践动手能力的同时培养和提高学生的综合素质；

（3）双向考核制。对基本理论、基本技能与实践创新能力综合考核；

（4）双边监控制。坚持学校与企业（基地）双方监控，按照学校与企业共同制定的实施细则，明确双方职责，确保培养到位，质量监控到位。

（五）学科督导机制

以作物学一级学科为执行单位，成立研究生培养督导小组，负责培养方案把关、培养过程监控、培养环节督查、培养质量评价。

三、资源建设

（一）学科资源建设

湖南农业大学作物学一级学科是湖南省"十二五"重点学科，作物栽培学与耕作学二级学科为国家级重点学科，作物遗传育种二级学科为湖南省优势特色重点学科。作物学一级学科在第四轮学科评估中位居 B＋类，2016 年入选湖南省"双一流"建设项目国内一流建设学科。

（二）创新平台建设

建成 16 个国家级和省部级研究平台、6 个研究机构，有作物学、草学2 个博士后科研流动站，南方粮油作物协同创新中心为国家级 2011 协同创新中心，形成了一批国家级和省部级科研成果，奠定了创新创业教育和高素质人才培养的资源基础。

（三）实践基地建设

建成 2 个国家级农科教合作人才培养基地、1 个国家级大学生校外实践基地、1 个全国农业专业学位研究生实践教育特色基地以及一批省部级和校级实践基地，为作物学研究生实践能力培养奠定了良好的物质基础。

（四）学科文化建设

作物学一级学科高度重视学术软环境建设，形成了既重视在国内外顶极期刊发表高水平论文又强调把论文写在农田里的学术氛围。

四、改革举措

（一）招生制度改革

（1）复合应用型人才培养招生制度：跨学科错位对接。硕士层次的高素质复合应用型人才培养，遴选培养对象时按照管理学—作物学、经济学—作物学、工学—作物学跨学科对接专业硕士培养，实现本科阶段与硕士研究生阶段的跨学科错位对接培养，强化知识结构和能力体系的横向拓展。

（2）拔尖创新型人才培养招生制度：同学科纵向延伸。硕士层次的拔尖创新人才培养，遴选培养对象按相同或相近学科纵向延伸，即作物学的学术型硕士研究生主要招收植物生产类专业的本科毕业生，形成纵向延伸的知识结构和能力体系。

（3）博士层次高端创新人才招生制度：申请考核合约制。以个人申请、资格审查、团队考察、导师认定等综合考察环节取代统一入学考试。

申请考核合约制改革的三大特点：①资格审查考察申请者的前期成果和能力基础，大学英语六级成绩反映申请者的外语能力基础，是否发表高档次论文反映申请者的科技创新能力基础；②团队考察判断申请者的发展潜力，通过面试了解申请者的知识面、思维能力、表达能力、应变能力等综合素质；③导师认定实现博士研究生的研究方向与导师团队的有效对接；④签署培养合约规范博士研究生和导师的权利与义务。

（二）培养方案改革

以国家、省、学校有关文件和各学科的人才培养目标和学位基本要求为根本依据，在总结和传承我校研究生培养方案的好经验、好做法的基础上，以体现学科特色，注重内涵建设，突出分类培养和个性化培养为基本要求，以"立德树人、以生为本、问题导向、高质量发展"为原则，以一流优秀人才培养的标准，科学合理地修制订学位授予标准和培养方案，明确课程学习、培养环节和论文研究工作对培养目标和学位授予基本要求达成度的支撑作用，实现知识、能力、素质等目标要素在每个环节中的有机融合，全面提高研究生培养质量。

（1）作物学博士研究生培养目标：培养全面了解作物学学科的发展方向、国际学术研究前沿与动态，具有坚实宽广的作物学基础理论知识和系统深入的专业知识；具备独立从事科研、教学与管理工作的能力。①学习和践行马克思列宁主义、毛泽东思想、邓小平理论、"三个代表"重要思想、科学发展观及习近平新时代中国特色社会主义思想；坚持四项基本原则，拥护党的基本路线，热爱祖国，遵纪守法；具有严谨的治学态度和优良的学风，恪守学术道德，品德优良；服从国家需要，积极为社会主义现代化建设、"三农"及乡村振兴服务。②应深入了解作物学学科发展趋势和学术研究前沿；较全面地掌握现代作物栽培学、现代作物育种学、现代分子生物学等基础理论知识和研究技术；具备运用本学科先进的技术手段和研究方法，独立从事科学研究工作的能力，并能取得一定的创新性成果，在理论或实践上对国家经济建设或本学科发展有重要意义；能胜任作物学学科或相关学科领域承担科研、教学、管理及科技服务等工作的能力；至少掌握一门外国语，并能熟练阅读本专业的外文资料，具有较强的写作能力和进行国际学术交流的能力。③身心健康，具有承担本学科各项工作的良好体魄和素养。

（2）作物学学术型硕士研究生培养目标：①掌握马克思主义基本原理、中国特色社会主义理论、科学发展观及习近平新时代中国特色社会主义思想，遵纪守法，品德优良，具有正确的世界观、人生观和价值观，培育和践行社会主义核心价值观，具有严谨的治学态度，恪守学术道德行为规范，积极为社会主义现代化建设服务。②掌握作物学学科某一专业领域的坚实基础理论、系统专业知识和实践技能较全面地掌握作物生理学、作物生态学、现代作物生产理论与技术、作物遗传学作物育种学和种子学等理论知识和研究技术；了解所从事研究方向的研究现状和发展趋势，在作物学学科上具备基本研究和应用能力，包括具有获取知识能力、科学研究能力、实践能力、学术交流能力等，能独立从事作物学学科或相关领域的科研、教学与管理及技术开发等工作，在科学研究或专门技术上有新的见解；掌握一门外国语，能熟练地阅读本专业外文专业书刊，能撰写外文论文摘要，具有一定的写作和国际学术交流能力；成为可在高等院校、研究机构、政府机关、企业和相关领域从事教学、科研、生产、推广和管理工作的高级专业人才。③身心健康，具有承担作物学学科各项工作的良好体魄和素养。

（3）农业硕士专业学位作物与种业领域硕士研究生培养目标：农艺与种业领域专业学位硕士是与该领域任职资格相联系的专业学位，主要为农艺与种业领域技术研究、应用、开发及推广，农村发展和农业教育等企事业单位和管理部门培养应用型、复合型高层次人才。①学习和掌握马克思主义及习近平新时代中国特色社会主义思想，热爱祖国，遵纪守法，具有良好的职业道德和敬业精神，具有科学严谨和求真务实的学习态度和工作作风，身心健康。②具有较坚实的基础理论和宽广的专业知识以及较强的解决农艺与种业领域实际问题的能力，能够承担专业技术或管理工作，具有良好的职业素养。③掌握一门外国语，能够阅读本领域的外文资料。

（三）培养过程改革

（1）个性化培养计划。一是课程计划，在导师的指导下，按照学科专业培养方案要求制定课程学习计划。经导师审核后，在学校研究生管理信息系统中提交。二是论文计划，包括论文选题和开题报告的安排、论文工作各阶段的主要内容、完成期限等。

（2）学术活动。参加学院及以上的学术报告 10 次（其中国内外高水平学术会议 1 次），在一级学科范围内做学术报告 3 次，在学院范围内做学术报告 1 次，作物学博士研究生在校期间原则上要有 1 次以上的出国学习经历。

（3）学科综合水平考试。作物学学科综合水平考试是研究生在完成课程学习后进入学位论文开题前，由农学院组织的一次理论综合水平考试。重点考察研究生是否掌握了坚实宽广的基础理论和系统深入的专门知识，是否具备了独立开展研究工作的基本学术能力。通过综合水平考试者方可参加学位论文开题；未通过考试者，可以补考一次；补考仍不合格者，作留级处理。

（4）实践活动。研究生在学习期间应深入实际或基层生产一线，结合专业所长，完成 1~2 个实践项目，在实践中提高综合素质和实践能力。实践活动包括教学实践、科研实践（不包括以论文研究为目的的实践）、社会实践、管理实践和创新创业活动等，其中教学实践为必修环节。

（5）文献阅读与综述报告。研究生应尽早在指导教师的指导下确定论文研究方向，并在进行学位论文开题论证前广泛阅读作物学学科国内外有关研究文献，其中学术期刊论文应该在 200 篇以上，国外文献要达 50％以上。阅读的文献应该反映论文研究领域的最新进展，近 5 年内的重要文献要达到 60％以上，同时须撰写 3 篇以上的文献综述报告，由指导教师批阅，经指导教师审核签字后，交学院备查。

（6）开题论证。学位论文开题报告是确保学位论文质量的首要关键环节，研究生应在指导教师的指导下，在查阅文献和调查研究的基础上，尽早确定课题方向，制订论文工作计划，并就论文选题意义、国内外研究综述、主要研究内容和研究方案等写出书面报告，在一级学科范围内进行公开论证。经专家评审通过的开题报告，应上传至研究生管理信息系统，并以书面形式交学院备案。开题报告未获通过者，应在学院或作物学学科规定的时间内重新开题。开题报告通过者如因特殊情况须变更学位论文研究课题，应重新进行开题报告。开题时间距离申请学位论文答辩的时间一般不少于 2 年。

（7）中期考核。中期考核是在博士研究生完成课程学习后、进入学位论文研究阶段的一次全面考核，是检查博士研究生个人综合能力及学位论文进展状况、指导研究生把握学位论文方向、提高学位论文质量的必要环节。考核内容主要包括思想政治表现、科研创新能力、学位论文研究进展等。原则上要求在第四学期末完成。具体要求按《湖南农业大学全日制研究生中期考核实施办法》执行。

（8）学位论文进展中期检查。学位论文进展中期检查是对博士研究生学位论文研究进展情况的一次全面检查，主要检查博士研究生学术规范、学术道德、学位论文研究进度及学位论文撰写情况等内容，是提高学位论文质量的必要环节。博士研究生进入论文研究过程一年后进行。

（9）学位论文答辩。要求对所研究的课题在科学上或专门技术上做出创造性成果，在理论上或实践上对国家经济建设或本学科发展有重要的意义，研究生应掌握本学科坚实宽广的基础理论和系统深入的专门知识，具有独立从事科学研究工作的能力。

（四）质量评价改革

（1）强化过程监控与环节考核。作物学研究生培养过程中，重视课程学习、文献阅读、综述报告、学术活动、实践活动的过程监控和考核评价，对于学位论文的开题论证、中期考核、进展检查、预审与预答辩、学位论文答辩等环节都有明确的量化考核指标体系，实现考核精确化、标准化、公开化。

（2）量化创新成果的培养质量。在奖/助学金评定、学位论文评审、优秀毕业生评选等方面，高度重视研究生的创新成果，鼓励研究生在修业期间形成更多的论文、专利、品种、著作、获奖等显性成果。授予学位更是对发表学术论文的层次和数量提出了明确要求：①作物学博士研究生要求在 JCR（期刊引用报告）二区及以上 SCIE（科学引文索引扩展板）/SSCI（社会科学引文索引）收录期刊上发表学术论文 1 篇，或在 JCR（期刊引用报告）三区 SCIE（科学引文索引扩展板）/SSCI（社会科学引文索引）收录期刊发表 1 篇学术论文或在学校公布的国内顶级期刊发表 1 篇学术论文同时在 CSCD（中国科学引文数据库）核心库来源期刊上发表 2 篇学术论文。②硕博连读生在攻读学位期间须符合以下要求之一：在 JCR（期刊引用报告）二区及以上 SCI（科学引文索引）期刊上发表学术论文 1篇和在 JCR（期刊引用报告）三区 SCI（科学引文索引）期刊发表 1 篇学术论文或在学校公布的国内顶级期刊发表 1 篇学术论文；在 JCR（期刊引用报告）三区 SCI（科学引文索引）期刊发表 3 篇学术论文且总影响因子之和大于 10。③学术型学位硕士研究生在攻读学位期间要求公开在 EI（工程索引）、SCIE（科学引文索引扩展板）、CSSCI（中国社会科学引文索引）、CSCD（中国科学引文数据库）来源期刊或北大版中文核心期刊及以上期刊发表学术论文 1 篇。③专业学位硕士研究生修业期间至少发表 1 篇本专业领域的学术论文或完成 1 个本专业领域的专题调研报告。

第三节 作物学高端创新人才培养

一、申请考核合约制招生制度

（一）指导思想

深入推进博士研究生招生机制改革，全面推进"2011 计划"的实施，吸引和选拔适应现代科学发展要求的优秀科技创新人才，不断提高博士生培养质量，努力探索建立符合中心发展目标、科学有效、灵活多元的招生办法、管理制度和工作机制，突出对创新能力和专业潜质的考核，强化指导教师、研究团队和学科在人才选拔中的学术权利和责任，健全和完善招生监督机制，确保有突出学术专长和培养潜质的拔尖创新人才脱颖而出。

（二）招生工作程序及要求

（1）申请条件：①政治思想表现好，品德优良，身心健康，诚实守信，无学术不端行为纪录。②已获得硕士学位，且本科、硕士研究生阶段都是全日制（境外获得的硕士学位需经教育部相关机构认证）；全日制应届硕士毕业生须在博士入学前取得硕士学位。③本科、硕士研究生阶段课程成绩优良，学位课程成绩 80 分以上（不含 80 分），专业基础扎实，具有较突出的科研能力和较强的创新意识。④英语水平达到一定要求，至少符合下列条件之一：一是至少有一项英语考试成绩达到规定水平，包括：TOEFL（托福考试）（72 分）、雅思（6.0 分）、国家英语六级考试（425 分）、国家英语八级考试（60 分）、WSK（全国外语水平考试）、PETS（全国英语等级考试）5（50＋3 分）等；二是获得硕士学位不超过 3 年，且近 3 年内在所申请专业的 SCI（科学引文索引）收录的英语学术期刊上以第一作者（或第二作者且导师为第一作者）发表过研究论文。

（2）网上报名。符合报名条件的申请人应参照当年湖南农业大学博士招生目录中公布的专业或研究方向，在湖南农业大学当年使用的博士生报名系统中报名、上传照片，并缴纳报名费。报考的指导教师需为当年《湖南农业大学博士生招生简章》在列的中心PI（主要研究者）团队的博士研究生指导教师，或者达到学校博士研究生指导教师遴选基本条件的粮油中心签约指导教师（需在列入招生简章前签约）。

（3）提交申请材料。网上报名结束后，考生在规定时间内向粮油中心提交申请材料，内容包括：①通过网上报名系统打印的《湖南农业大学2015年申请攻读博士学位研究生登记表》和从湖南农业大学研究生招生网上下载并填写的《报考登记表》。②学位、学历证书的原件及复印件；应届硕士毕业生提交就读单位研究生院（处）或研究生管理部门的证明材料和研究生证。③盖有研究生成绩管理部门或档案室公章的硕士研究生阶段的成绩单。④从湖南农业大学研究生招生网上下载并填写《湖南农业大学博士研究生招生综合评价表》，定向生加盖所在单位二级党组织公章，未就业人员加盖档案保管单位公章，应届生加盖所在学院分党委公章。⑤硕士学位论文（应届硕士毕业生可提供论文摘要和目录等）。⑥两位与所申请学科相关的教授（或相当于教授）职称专家的推荐信。⑦攻读博士学位期间本人研修计划及目标（3000～5000字）。⑧获奖证书、公开发表的学术论文、所获专利及其他原创性研究成果的原件及复印件。⑨其他可以证明自己科研或英语能力的材料的原件及复印件。⑩二级甲等以上医院出具的近半年内的体检合格证明。

（4）组织考核。由粮油中心按学科或研究方向组建考核小组，每个小组由7～9人组成（包括当年招生的博士研究生指导教师），负责本学科或方向申请人的初选、复核及面试工作。①初选：根据申请人所提交的申请材料，对其科研潜质和基本素质进行初选；综合初选结果和招生指导教师的基本意向，提出进入差额复核阶段的申请人名单。②复核：对进入复核阶段的申请人的政治素质、专业能力、操作技能和外语水平等方面进行全面考核。具体考核办法、考核时间及地点在粮油中心网站主页公布。③面试：主要考核申请人的学术背景、专业素质、思维能力、创新能力、综合素质等。申请人须向考核组专家作申请攻读博士学位的答辩报告，对个人研究经历、研究计划与设想做详细陈述。

（5）录取。①招生单位审查。在确认指导教师招生资格及名额的基础上，由粮油中心对申请人的考核记录及考核成绩进行审查，确定拟录取人选。拟录取申请人及其主要申请材料、考核结果在粮油中心网站主页上公示 7 天。公示无异议后，报送研究生院。②研究生院审核。依照学校及粮油中心的相关规定，研究生院对拟录取申请人的各种材料及其选拔程序进行审核，符合条件的申请人报学校研究生招生工作领导小组批准后录取。③学校批准及录取签约。经学校批准录取的申请人与粮油中心就博士研究生培养要求、目标任务等签订合约，并报研究生院招生办备案。

（三）合约的基本要求

达到博士生各培养环节的基本要求；在读期间需发表单篇影响因子在 3.0 以上的 SCI（科学引文索引）论文 1 篇，或 SCI（科学引文索引）论文影响因子之和在 8.0 以上，或在所在学科一区期刊发表 SCI（科学引文索引）论文 1 篇以上。未达到要求的不能毕业，学业修满最长年限仍未达到要求的按照《关于对超过培养年限研究生的学籍处理意见》（湘农大通〔2014〕59 号）规定处理。

二、高端创新人才的培养要求

（一）基本素质

（1）学术素养。作物学博士研究生以作物生产理论创新及技术和方法提升研究为主。博士研究生应对作物学有浓厚的兴趣，以创新学科理论体系、提升作物生产技术水平、促进农业可持续发展为己任的精神和目标来学习和研究作物学；具有坚实宽广的现代作物生产与科学的基础理论与系统深入的专门知识，了解本学科的历史、现状和发展动态，了解本学科科技政策、知识产权和研究伦理等有关法规和知识；具有较强的作物学科学研究能力和解决生产实际问题的能力；具备较宽广的知识面，以及拓展学科新领域的学术潜力，要敢于进行学科交叉和融合，进行集成创新。在对作物系统进行客观描述的同时，还应该具有扎实的数理学基础、定量分析能力和模型归纳提炼的基本素养。

作物学博士研究生应该具有实事求是、认真严谨的治学态度；勇于创新的进取精神和献身农业科学事业的理想；具有科学的思维能力和敏锐的观察能力，勇于对学科发展的前沿领域进行探索；能够不畏艰难、脚踏实地、开拓创新；具备良好的合作精神和团队意识，能尊重他人的学术思想和研究方法及成果；在科学问题凝练、研究方案与实施、研究结果分析和成果形成的整个科研过程中能善于团结合作，发挥团队的作用；身心健康，具有良好体魄，能够承担本学科范围内各项专业工作任务。

（2）学术道德。自觉遵守有关法律法规，讲求学术诚信，恪守学术规范，树立学术自律意识。在学术活动中，尊重他人的知识产权和学术成果，遵守约定俗成的引证准则。承担学术著作发表或学位论文写作的相应责任，根据实际参与者的贡献大小和自愿原则依次署名，或由作者共同约定署名顺序。成果发表时应实事求是，不得夸大学术价值和经济或社会效益，严禁重复发表。严格保守国家机密，遵守信息安全、生态安全、健康安全等国家安全方面的有关规定。不抄袭、剽窃、侵吞和篡改他人学术成果；不伪造或者篡改数据、文献；不捏造事实、伪造注释等。遵守学术界公认的其他学术道德规范。

（二）知识结构

获得作物学博士学位的研究生，应熟练掌握本学科坚实、宽广的基础理论和系统深入的专门知识，同时掌握一定的相关学科知识，具有独立从事科学研究工作的能力，并在科学理论或专门技术上做出创新性的成果。应掌握的专门知识主要包括：作物生理生态、作物栽培理论与技术、耕作制度与作物可持续生产、作物信息技术、作物种质资源的创新和利用、作物遗传规律与基因挖掘、作物育种理论与技术、作物杂种优势理论与应用、作物种子种苗繁育理论与技术、作物种子种苗质量控制理论与技术等。在掌握已有的自然科学和社会科学等共性知识基础上，牢固掌握本学科的共性基础理论，并根据所属研究方向性质及其培养要求，博士学位获得者的知识结构又有所区别。

（1）作物栽培学与耕作学博士学位获得者。应以研究作物生产理论、方法与技术为主，应特别注重生产实践的应用基础或应用研究。博士学位获得者应掌握扎实的作物栽培学、耕作学、作物生理学、作物生态学等基础理论知识，包括作物区域布局、生产管理、资源配置、设施栽培、作物信息、仪器分析、田间试验等专门知识和技术研发能力。

（2）作物遗传育种博士学位获得者。应以研究作物遗传改良理论、方法与技术为主，应注重理论研究与应用研究相结合。学位获得者应具备扎实的遗传学和基因组学等理论基础，具备较强的遗传资源发掘、创新与利用、基因重组、人工诱变、杂种优势利用、细胞与分子生物学、田间试验与测试等专门知识和技术研发能力。

（3）种子科学与技术博士学位获得者。应以研究种子生产与繁育及其产业化理论与技术为主，应注重实际应用的科学研究。学位获得者应具备较强的种子生产、加工贮藏及种子质量控制与检验等理论功底与技术研发能力。

（4）作物信息科学博士学位获得者。应具备现代田间、实验室的综合实验技能，能熟练运用计算机和先进仪器设备，研究信息技术在多熟制作物生产、管理、加工、贮藏与销售等领域的应用与开发，研究精准农业技术，应用信息技术研究如何提高多熟制作物生产中的劳动生产率、资源利用率、农业经济效益和实现可持续发展。

（5）烟草学博士学位获得者。应熟练掌握作物栽培与耕作、作物遗传育种、植物病理及生态学等基本原理，深入了解烟草的生长与繁殖的规律和机理、生理生态与栽培的相互关系、耕作制度与可持续发展等主要问题，学位获得者具备较强的开展烟草种质创新与品种选育、烟草生理生态与栽培调制、烟田耕作制度与可持续发展、烟草生态安全理论与技术和烟草品质等研究的理论与技术研发能力。

（三）能力体系

（1）获取知识的能力。作物学是一门基于理论与技术融合的应用性和综合性学科，以培育新品种、建立生产新技术为主要内容和目标，并随着相关基础学科和现代技术的发展而不断充实和提升。学科在对传统方向进行调整、充实的同时，顺应学科自身发展及农业生产发展的需求，不断拓展新的研究领域。因此，研究生应积极选听专题讲座，参加学术研讨和国内外学术会议，利用一切现代信息传播手段，获取本学科发展的最新知识，掌握本学科学术前沿动态。在文献收集中，要有意识地考虑文献的全面性和系统性。全面性是要求文献收集的数量、发表的时期、关注的问题及国内外的覆盖程度要适当，而系统性是指这些文献之间的相互关系及完整性。由于不同时代科学技术和社会背景对作物学研究的影响不同，要注意去伪存真，确保文献的科学性。同时，要不断深入生产一线，了解生产现状和技术需求，重视在生产实践中提升获取知识的能力。

（2）学术鉴别能力。因作物生产问题和技术需求的地域特殊性，作物学理论与技术成果存在明显的共性和个性特征。研究生既要对学术成果的普遍真理性进行辨别，同时，也要考虑相关成果在地域上的特殊适用性。应在掌握本学科专业基础理论和知识的基础上，深入了解本学科发展趋势和学术研究前沿，能明辨研究工作或成果的先进性和局限性。既要对已经形成的成果进行系统判别，也能对将要研究的问题在作物学中的重要性进行判别。要深入生产实践，了解和分析生产实际形势，能明辨研究问题、研究任务、研究内容的重要性和价值；能正确评价和取舍所引用、参考的科学成果或学术论文，要能综合评价科学成果的学术价值、社会贡献和生态作用，应具备对研究成果进行综合评判的能力。

（3）科学研究能力。作物学的科学研究能力包括提出和解决问题，并形成产品、技术或理论成果的能力。研究生应能在复杂的现象中，提炼出关键科学问题，并构建科学假设和研究思路，提出创新性的研究课题。应具备根据研究任务要求，主持撰写项目计划，并独立开展研究的能力。具备组织、协调开展科研活动，进行学术交流的能力。应系统地掌握本专业的实验研究方法，掌握田间和实验室的综合实验技能、数据获取和综合分析技能、样品采集和测定技能。具备较强的学术成果综合表达的能力，在获得研究结果后，要能采用先进的科学分析方法，对数据进行系统分析，并用中、外文撰写学术论文。通过论文撰写工作，在本学科的理论或专门技术上取得创新性的研究成果。

（4）学术创新能力。作物学研究生应熟悉本学科的历史、现状和发展动态，具备敏锐的科学洞察能力，善于在科学研究过程中捕捉新问题，提出新见解；要有敢于探索、勇于创新、挑战学术难题的科学精神；要善于从生产实际中发现关键性问题，提出具有重要意义的创新性研究课题，并开展创新性研究和取得创新性成果。创新成果可以是作物科学新理论、作物新材料与新品种、作物生产新技术与新模式、作物学研究新方法、农业科技推广新模式等。

（5）学术交流能力。能够熟练地掌握并运用各种媒体手段，在研讨班、国际国内学术会议上准确、清晰地表达自己的学术思想，展示学术成果。要具备较强的学术总结、归纳和提炼能力，善于通过学术期刊、科普读物、大众媒体等平台展示研究成果。

（6）其他能力。作物科学家需要经常到生产第一线去发现问题，寻找技术需求，开展技术服务。因此，研究生需要经常与政府、社会团体、企业、农户进行协调合作，应该具备多方面的协调能力和较高的综合素质。这些能力包括：文字撰写、语言表达、计算机应用及外语的听、说、读、写，掌握并运用各种教学手段，具备单独承担本科生课程的教学能力等，并具备独立创建研究单位和创业的能力。

三、量化创新成果的培养质量

（1）发表学术论文的质量要求。作物学普通申请考核博士研究生和直博生在读期间，公开发表论文需达到以下条件之一：①在 JCR（期刊引用报告）二区及以上 SCIE（科学引文索引扩展板）/SSCI（社会科学引文索引）收录期刊上发表学术论文 1 篇。②在 JCR（期刊引用报告）三区 SCIE（科学引文索引扩展板）/SSCI（社会科学引文索引）收录期刊发表 1 篇学术论文或在学校公布的国内顶级期刊发表 1 篇学术论文，同时在 CSCD（中国科学引文数据库）核心库来源期刊上发表 2 篇学术论文。③如以并列第一作者前二位出现，须发表在 JCR（期刊引用报告）二区及以上 SCIE（科学引文索引扩展板）收录期刊影响因子 5 以上（含 5）的学术论文；以并列第一作者前三位出现，须发表在 JCR（期刊引用报告）二区及以上 SCIE（科学引文索引扩展板）收录期刊影响因子 10 以上（含 10）的学术论文。

硕博连读生在攻读学位期间须符合以下要求（二选一）：①在 JCR（期刊引用报告）二区及以上 SCI（科学引文索引）期刊上发表学术论文 1 篇，和在 JCR（期刊引用报告）三区 SCI（科学引文索引）期刊发表 1 篇学术论文或在学校公布的国内顶级期刊发表 1 篇学术论文。②在 JCR（期刊引用报告）三区 SCI（科学引文索引）期刊发表 3 篇学术论文且总影响因子之和大于 10。若研究生取得特别优秀的科研成果（如以排名前二身份获得省部级科技奖励三等奖、以排名前三身份获得省部级科技奖励二等奖、以排名前四身份获得省部级科技奖励一等奖、以排名前五身份获得国家级科技奖励），经个人申请、学院学术委员分会建议、研究生院推荐、校学位评定委员会全体会议批准，可不受上述规定限制。

（2）申请提前毕业的研究生发表学术论文的层次和数量要求。原则上不受理博士研究生提前毕业的申请，申请提前毕业者发表论文须符合以下要求（以下要求二选一）：①在 JCR（期刊引用报告）二区及以上 SCIE（科学引文索引扩展板）收录期刊上发表学术论文 1 篇，和在 JCR（期刊引用报告）三区 SCIE（科学引文索引扩展板）收录期刊发表 1 篇学术论文或在学校公布的国内顶级期刊发表 1 篇学术论文。②在 JCR（期刊引用报告）三区 SCIE（科学引文索引扩展板）收录期刊发表 3 篇学术论文且总影响因子之和大于 10（含 10）。

（3）发表学术论文的内容、署名和时效要求。①研究生在攻读学位期间发表的学术论文应与学位论文研究内容密切相关。②本文件所规定研究生在攻读学位期间发表的学术论文必须是以湖南农业大学为第一署名单位，研究生为第一作者或其导师为第一作者，研究生为第二作者。③研究生在攻读学位期间发表的学术论文应为已正式出版（含在线发表）。

（4）成果创新性要求。博士学位论文既要反映作者在本学科掌握了坚实宽广的基础理论和系统深入的专门知识及独立从事科学研究工作的能力，更要体现在本学科科学或专门技术或方法上做出的创新成果。基础理论研究论文要求观点明确，论据可靠，应结合可能的应用背景做充分的仿真研究和可能的前瞻性研究，要求在理论或方法上有所突破；应用研究论文要完成实验室或田间试验论证，要求在技术上或工程上有所创新。博士授予权单位要采取措施鼓励博士生选择具有一定风险性的学科前沿课题或对国家经济建设、科技进步和社会发展具有重要意义的课题进行研究，鼓励博士研究生挑战科学前沿问题。论文创新的具体体现可以包括以下一个或多个方面：①研究思路与方法创新。论文能够针对关键科学问题，提出与众不同且具有科学依据的研究思路，设计并研制新的先进的研究方法，取得更为科学的相关研究结果。论文所形成的研究思路与方法，应该对本学科的方法体系有明显的补充和提升意义。②学科理论与规律创新。论文针对本学科的关键科学问题，进行系统深入研究，发现新的作物生物学特征、过程、机理、机制等基本规律，提高了对作物系统的认识和调控能力。这些新认识应该对作物学基础理论有很好的补充和完善意义，甚至能够建立新的作物学理论。③关键技术与模式创新。论文能够针对生产中的关键技术问题，进行技术手段、技术方法、技术效果、技术规程等系统研究，建立突破环境限制的技术方案，并在生产上进行一定集成示范验证，取得较好的综合效益。所建立的技术和模式必须具有较好的应用前景或战略储备价值，有形成新材料、新产品、新工艺等物化技术的潜力。

四、"3＋3＋3"连续培养案例

（一）案例一：文双雅

（1）简介：文双雅（1997.7—），女，汉族，湖南株洲人。2015年9月进入湖南农业大学农学院农村区域发展专业开始本科阶段学习生涯，被遴选为"3＋3＋3"本—硕—博连续培养对象，师从高志强教授，2017年8~12月赴菲律宾中吕宋国立大学交换留学，2018年9月取得推免生资格并进入研究生培养阶段，2018年11月通过PETS（全国英语等级考试）5（综合60分、听力19分、口语4分），2019年取得学术型硕士研究生学籍，2021年9月以硕博连读方式已进入博士研究生培养阶段，从事作物信息技术与智慧农业工程方向的研究。

（2）研究方向。稻油两熟植模式作为我国南方特色种植模式，在保证国家粮油安全的同时，其发挥的生态效益，对于缓解全球 CO_2（二氧化碳）浓度上升的潜在可能性有待进一步探究，因此准确评价该种植模式下的碳源/汇效应，找寻增汇减排技术具有重要的研究意义与现实意义。同时配合生育期内相关农学参数光谱特征测定，对于掌握作物动态变化规律，从而为长势预测、精细化管理、产量估测提供依据。主要研究内容：①稻油两熟农田生态系统净碳交换及其环境响应；②基于光谱技术和日光诱导叶绿素荧光的稻油两熟农田生态系统生产力估测模型研究；③稻油两熟农田生态系统碳通量模拟研究；④稻油两熟农田生态系统碳汇机理研究；⑤稻油两熟农田生态系统碳汇时序特征及其环境响应机制。

（3）论文著作。①《菲律宾农业基本状况及政策》，农业工程，2018（7）；②《基于涡度相关法的农田生态系统碳通量研究进展》，激光生物学报，2019（5）；③《杂交稻增密减肥处理的SPAD值光谱估算模型》，激光生物学报，2021（3）；④《杂交稻有序机抛增密减肥处理对产量及肥料偏生产力的影响》，作物杂志，2021（8）；⑤《陆地棉纤维品质和农艺性状遗传多样性分析及优良材料鉴定》，东北农业大学学报，2022（1）；⑥《湘中地区中稻碳通量的变化特征》，湖南农业大学学报（自然科学版），2021（6）；⑦《湘中地区冬油菜全生育期碳通量变化特征分析》[J/OL].中国油料作物学报，2022；⑧《稻油两熟农田生态系统净碳交换特征及其主要影响因子研究》[J/OL].农业现代化研究，2022；⑨《稻谷生产经营信息化服务云平台研发与应用》，湖南科学技术出版社，2021；⑩《作物生产原理》，中国农业出版社，2022。

（4）参与的科研项目。①参与项目一：国家重点研发计划"粮食丰产增效科技创新"重点专项课题"水稻生产过程监测与智能服务平台建设"（2017YFD0301506）；②参与项目二：国家重点研发计划"粮食丰产增效科技创新"重点专项课题"水稻规模化生产信息化服务技术集成与示范"（2018YFD0301006）；③主持项目：稻田多熟制全程机械化生产常年定位监测试验，2018－2022 年包括杂交稻大苗机插增密减肥试验、杂交稻有序机抛增密减肥试验、甘蓝型油菜增密减肥全程机械化生产试验、稻油两熟农田生态系统碳通量监测/水汽通量监测/能量通量监测等。

（5）教学实践。①参与省级精品在线开放课程和省级线上线下混合式一流课程建设："互联网＋"现代农业，参与课程视频拍摄和课程管理；②参与新农科通识课程"智慧农业引论"建设，主讲农业遥感技术原理部分的电磁波与地物波谱、遥感平台与遥感器、遥感图像处理技术、农业遥感支撑技术等内容（图 5－4）；③课堂教学实践方面，先后承担"'互联网＋'现代农业""智慧农业引论""农业信息化"等课程的本专科生教学任务。

图 5－4 文双雅的网络课程视频截屏

（二）案例二：付虹雨

（1）简介：付虹雨（1997.5—），女，汉族，湖南常德人，2015 年 9月进入湖南农业大学农学院农村区域发展专业学习，被遴选为"3＋3＋3"

本—硕—博连续培养对象，师从崔国贤教授。2018年9月取得推免生资格并进入研究生培养阶段，2021年9月以硕博连读方式进入博士研究生培养阶段，主要从事基于无人机遥感的作物表型研究。

（2）研究方向。利用无人机高通量表型平台搭载多源传感器（数码相机、多光谱仪）协同获取数据，融合农学及遥感知识，通过采用图像处理、统计分析、预测建模等多种技术手段，构建小区尺度上苎麻高通量表型信息获取技术和定量化分析方法。为基于无人机遥感的作物表型研究提供技术参考。具体研究内容包括：①基于无人机遥感图像，提出一种适用于小区尺度的作物株高估算方法；②基于无人机遥感图像，提出一种适用于田间高密度场景下的作物植株计数方法；③利用无人机搭载多光谱进行作物叶片氮含量的多时序监测研究；④通过融合高通量无人机遥感数据，构建作物产量估测模型；⑤基于无人机获取的图像信息，进行作物多样性分析（图5—5）。

图5—5 付虹雨在田间采集试验数据

（3）已发表的学术论文。①作物图像获取、处理技术及其应用研究进展，中国麻业科学，2019（5）；②基于无人机遥感图像的苎麻产量估测研究，作物学报，2020（9）；③基于无人机遥感影像的剑麻株数识别，中国麻业科学，2020（6）；④基于无人机可见光遥感的苎麻冠层氮素营养动态诊断，中国麻业科学，2021（3）；⑤Hongyu Fu, Chufeng Wang, Guoxian Cui 1，Wei She and Liang Zhao. Ramie Yield Estimation Based on UAV RGB Images. Sensors 2021，21，669。

（4）参与的科研项目。①参与项目一：国家重点研发计划课题"麻类作物营养无损诊断新技术及精准施肥技术"（2018YFD0201106）；②参与项目二：财政部和农业农村部国家现代农业产业技术体系（CARS－16－E11）；③参与项目三：湖南省自然科学基金"基于无人机高光谱成像的苎麻生长监控与产量估测研究"（2021JJ60011）；④主持项目：基于无人机遥感的麻类作物表型研究。

（5）教学实践。2020年参与《农业保险实务》一书的编写，主要负责"无人机在农保中的应用"部分；2021年参与《作物生产原理》一书的编写，主要负责"作物生产与养分供给"部分；协助崔国贤教授完成"无人机航测新技术"培训推广课程内容编写及PPT制作；协助崔国贤教授指导本科生以及课题组成员论文写作。

参考文献

[1] 高志强，官春云. 卓越农业人才培养机制创新 [M]. 长沙：湖南科学技术出版社，2019.

[2] 高志强，阳会兵，唐文帮. 作物学数字教学资源建设 [M]. 长沙：湖南科学技术出版社，2022.

[3] 高志强，卢俊玮，高倩文，等. 稻谷生产经营信息化服务云平台研发与应用 [M]. 长沙：湖南科学技术出版社，2021.

[4] 高志强，郭丽君. 学校生态学引论 [M]. 北京：经济管理出版社，2015.

[5] 高志强，张珺，欧阳中万. 多媒体课件制作理论与实践 [M]. 长沙：湖南科学技术出版社，2008.

[6] 周清明，郭丽君，高志强. 创新型地方高校发展研究 [M]. 北京：经济管理出版社，2013.

[7] 高志强，朱翠英，卢妹香. 农村留守儿童关爱服务体系建设——基于湖南省的实证研究 [M]. 长沙：湖南科学技术出版社，2013.

[9] 黄梅，吴国蔚. 人才生态链的形成机理及对人才结构优化的作用研究 [J]. 科技管理研究，2008 (11)：189-19.

[10] 曹十芙，高志强. 卓越农林人才连续培养机制的研究与实践——以湖南农业大学为例 [J]. 高等农业教育，2020 (2)：3-7.

[11] 代琪，高志强. 卓越农业人才的分类培养改革——湖南农业大学的实践探索 [J]. 知识经济，2019 (2)：128-129.

[12] 代琪，高志强，官春云. 拔尖创新型农业人才培养的全程导师制——基于湖南农业大学的改革实践 [J]. 农业工程，2019 (1)：83-87.

[13] 廖彬羽，高志强. 卓越农业人才培养的动力学机制 [J]. 农业工程，2016 (6)：125-127.

［14］付在汉，朱翠英，高志强. 学习的耗散结构［J］. 理工高教研究，2009（3）：15－18.

［15］高志强. 论毛泽东教育思想的全面发展观［J］. 湖南社会科学，2009（4）：156－159.

［16］朱翠英，高志强. 心理素质形塑论［J］. 大学教育科学，2013（5）：1－4.

［17］谭黎明，高志强. 民办高校的研究与实践［M］. 长沙：湖南科学技术出版社，2014.

［18］高志强. 大学生职业发展与就业指导［M］. 北京：中国农业出版社，2008.

［19］韩高军. 三螺旋理论视角下的创业型大学［J］. 教育学术月刊，2010（6）：41－43，111.

［21］高志强，朱翠英. 独立学院大学发生学时序特征与办学能量积累［J］. 求索，2009（8）：157－158，65.

［22］高志强. 卓越农业人才培养的运行机制：以湖南农业大学为例［J］. 农业工程，2014，4（5）：90－92.

［23］孙志良，高志强，邹锐标，等. 卓越农林人才协同培养机制探索：以湖南农业大学为例［J］. 高等农业教育，2017（1）：43－45.